GAONONGDU HANDAN YOUJI FEISHUI

SHENGWU CHULI XINJISHU

高浓度含氮有机废水 生物处理新技术

周鑫 著

U0389935

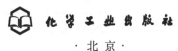化学工业出版社

·北京·

本书针对传统硝化反硝化生物脱氮工艺处理高浓度含氮有机废水而导致脱氮除碳效率偏低的问题，通过借鉴短程硝化反硝化和厌氧氨氧化两种工艺优势，创新性地提出并成功开发出了一种同步好氧氧化、短程硝化反硝化、厌氧氨氧化单级耦合工艺，实现在单一反应器内废水中 NH_4^+-N、TN 和 COD 高效去除，从而为高 NH_4^+-N 低 C/N 废水高效处理提供了新的解决思路并开辟了应用前景。

本书具有较强的技术性和针对性，可供从事污水处理的工程技术人员和科研人员参考，也可供高等学校环境工程、市政工程及相关专业师生参阅。

图书在版编目（CIP）数据

高浓度含氮有机废水生物处理新技术/周鑫著. —北京：
化学工业出版社，2019.9
ISBN 978-7-122-35171-5

Ⅰ.①高⋯　Ⅱ.①周⋯　Ⅲ.①有机废水-含氮废水-废水处理-生物处理　Ⅳ.①X703.1

中国版本图书馆 CIP 数据核字（2019）第 194552 号

责任编辑：刘兴春　刘兰妹　　　　　　　　　装帧设计：刘丽华
责任校对：宋　玮

出版发行：化学工业出版社（北京市东城区青年湖南街 13 号　邮政编码 100011）
印　　装：北京七彩京通数码快印有限公司
710mm×1000mm　1/16　印张 10½　彩插 4　字数 156 千字
2019 年 12 月北京第 1 版第 1 次印刷

购书咨询：010-64518888　　售后服务：010-64518899
网　　址：http://www.cip.com.cn
凡购买本书，如有缺损质量问题，本社销售中心负责调换。

定　　价：78.00 元　　　　　　　　　　　　　　　　版权所有　违者必究

前言

随着我国经济高速发展，许多行业排放了大量高浓度含氮含有机物废水，氮和有机物的过度排放是导致水体富营养化和水环境污染的重要因素，废水污染问题也严重制约相关行业的可持续发展。因此如何确保这类废水有效处理和达标排放是《水污染防治行动计划》（简称"水十条"）中工业污染防治目标实现的难点和关键。传统生物脱氮工艺往往由于废水中氨氮（NH_4^+-N）负荷高、碳氮比（C/N）不足，致使硝化、反硝化效率严重受限，导致出水NH_4^+-N和TN超标。尽管短程硝化反硝化、厌氧氨氧化等新型脱氮工艺不断涌现，然而依靠单一过程作用仍然无法满足含氮有机废水同步脱氮除碳的要求。因此在短程脱氮工艺的基础上，进一步探索和开发基于高浓度含氮有机废水生物处理新技术具有重要意义。

本书汇集了笔者及其团队在高浓度含氮有机废水生物脱氮方面的最新研究成果。采用填充聚氨酯（PU）海绵为填料的序批式生物膜反应器（SBBR）处理高氨模拟有机废水，通过长期过程控制与优化，开发了一种同步好氧氧化、短程硝化反硝化、厌氧氨氧化脱氮单级耦合工艺，揭示系统同步脱氮除碳发生机制，旨在为高氨有机废水单级处理系统设计与技术应用提供前期的理论基础。本书共分7章，内容包括绪论、材料与方法、SBBR系统处理高浓度含氮有机废水效能、SBBR反应器生物膜微环境特性、

SBBR 系统微生物群落特征、SBBR 反应器生化动力学，以及本书结论与展望。本书所提出的技术有望突破现有 ANAMMOX 工艺对 C/N>1.0 含氮废水处理瓶颈，为高氨有机废水一步式处理开辟更广阔的应用前景。

本书由太原理工大学周鑫著，张泽乾、张鑫爱、王共磊、陈加波等硕士生参与了部分数据整理、图片制作和文字编辑等工作。清华大学周小红教授在生物膜微电极测试方面提供了无私帮助与指导，新加坡南洋理工大学 Liu Yu 教授为本书的撰写和定稿提出了很多有价值的建议和意见；本书在编写和出版过程中得到了太原理工大学李亚新教授的鼓励和支持；本书的完成与出版得到了国家自然科学基金青年项目（21607111）、山西省重点研发计划项目（201803D31052）、污染控制与资源化研究国家重点实验室开放课题（PCRRF18011）及城镇污水深度处理与资源化利用技术国家工程实验室开放基金等项目的支持与资助。笔者在此对所有人员在图书编写出版过程的辛勤付出表示衷心感谢。

限于著者水平及编写时间，不足与疏漏之处在所难免，敬请读者批评指正。

著者
2019 年 5 月

第 3 章　SBBR 系统处理高浓度含氮有机废水效能　　46

第1章
绪　论

1.1 高浓度含氮有机废水来源、特性及危害

随着城镇化和工业化进程的不断深入导致了大量生活污水和工业废水排放，水环境状况已经严重影响国民经济和社会的可持续发展。据环保部（现生态环境部）《2015 中国环境状况公报》显示：2015 年全国废水中氨氮（NH_4^+-N）的排放总量为 229.9 万吨，COD 排放总量 2223.5 万吨。大量氮素及 COD 的排放，不仅使得饮用水源地遭受不同程度污染，威胁人畜饮水安全；而且使水体中溶解氧降低[1]，水体富营养化加剧，水生生态破坏，危害水生生物生长繁殖，进而影响人类健康。2015 年国务院颁布了《水污染防治行动计划》（简称"水十条"），"水十条"要求狠抓工业污染防治，专项整治造纸、焦化、氮肥、有色金属、印染、农副食品加工、原料药制造、制革、农药、电镀十大污染行业废水污染物；同时推进农业农村污染防治，特别是畜禽养殖业等面源污染控制。而这其中有相当一些来自于焦化、煤化工、化肥、制革、制药、屠宰、味精制造、垃圾填埋、畜禽养殖等行业所产生的高浓度含氮有机废水（见表 1-1）。由于该类废水中 COD 和 NH_4^+-N 浓度高，处理难度大，是当前水处理领域广泛研究的热点和难点[2]，因此研发高效含氮废水脱氮技术已成为国内外水环境治理重要课题之一。

由表 1-1 可以看出，废水主要具有如下特点：

① NH_4^+-N 含量较高，这些废水 NH_4^+-N 浓度普遍达到 100mg/L 以上，甚至一些废水 NH_4^+-N 浓度高达 10000mg/L 以上；

表 1-1 高浓度含氮有机废水种类及主要污染物浓度

废水种类	COD/(mg/L)	NH_4^+-N/(mg/L)	参考文献
焦化废水	1002～2300	200～400	[3～5]
畜禽养殖废水	1446～13155	650～2770	[6～8]
味精制造废水	10000～30000	15000～25000	[9,10]
化肥废水	111.36～293.12	560～652	[11]

续表

废水种类	COD/(mg/L)	NH_4^+-N/(mg/L)	参考文献
煤化工废水	1712～4500	182～350	[12,13]
垃圾渗滤液	460～6188	131～5185	[14,15]
尿液废水	2000～3500	660～900	[16]
制革废水	60～140	150～400	[17]
光电工业废水	100	567	[18]
污泥消化液	921	1120.8	[19]

② 废水中 C/N 比偏低,普遍小于 5;

③ 成分复杂,由多种有机物和无机物混合而成;

④ 水质水量受各生产工艺操作变化,波动范围大。

因此,若不对这类高浓度含氮有机废水进行及时有效的处理,将会加剧水体缺氧、富营养化,导致黑臭水体形成和水环境污染,增加水处理成本,造成巨大的环境危害及经济损失。生物处理方法因其作用条件温和、高效经济、无二次污染等优点,被广泛应用于含氮有机废水处理。

1.2　生物脱氮工艺

1.2.1　传统硝化反硝化

传统生物脱氮技术是含氮废水生物处理采用最广泛的技术之一[20,21],包括好氧硝化和缺氧反硝化两个过程。在好氧阶段,NH_4^+-N 在氨氧化菌的作用下首先氧化为 NO_2^--N,然后在亚硝酸盐氧化菌的作用下,将 NO_2^--N 转化为 NO_3^--N;而生物反硝化则是在缺氧条件下,NO_3^--N 首先被还原 NO_2^--N,进而最终还原为 N_2 实现脱氮[见式(1-1)～ 式(1-4)[22,23]]。

$$NH_4^+ + \frac{3}{2}O_2 \xrightarrow{\text{氨氧化菌}} NO_2^- + H_2O + 2H^+ \tag{1-1}$$

$$NO_2^- + \frac{1}{2}O_2 \xrightarrow{\text{亚硝酸盐氧化菌}} NO_3^- \tag{1-2}$$

$$C_6H_{12}O_6 + 8NO_2^- \xrightarrow{\text{反硝化菌}} 4N_2 + 6CO_2 + 2H_2O + 8OH^- \tag{1-3}$$

$$5C_6H_{12}O_6 + 24NO_3^- \xrightarrow{\text{反硝化菌}} 12N_2 + 30CO_2 + 18H_2O + 24OH^- \tag{1-4}$$

这种基于缺氧/好氧（A/O）的传统生物脱氮法对低浓度含氮（NH_4^+-N$<$50mg/L）的生活污水和工业废水处理是有效的，然而对于高氨氮低碳氮比（C/N）废水处理却存在诸多不利：

① 由于硝化和反硝化菌群的生理特征及其对生长环境要求不同，硝化与反硝化反应不能同时发生，需要分别在两个单独的反应器或反应区内依次发生，并需要硝化液回流，工艺流程较复杂；

② 由于 NH_4^+-N 负荷偏高、C/N 不足使硝化菌和反硝化菌活性受到抑制，导致生物脱氮效率有限，处理出水中 NH_4^+-N 和 TN 不能达标，若添加碳源，则增大了处理成本，同时加大了 CO_2 的排放量；

③ 硝化和反硝化所需要的能耗（内回流、曝气）和物耗（碱度、碳源）较高，运行投资成本大。

基于传统硝化反硝化技术在处理高含氮废水时所表现出来的高能耗、处理效率低等经济技术局限性，一些新型的生物脱氮技术受到众多学者的关注。

1.2.2　短程硝化反硝化

短程硝化反硝化是 Votes 在处理高 NH_4^+-N 废水中发现并命名的一种生物脱氮方式[24]。该工艺将硝化技术控制在亚硝酸盐阶段（NH_4^+-N 到 NO_2^--N），之后直接进行反硝化 [NO_2^--N 到 N_2，见式(1-1) 及式(1-4)]。这样可以不再进行传统硝化过程中亚硝酸盐氧化及随后的硝酸盐还原为亚硝酸盐等步骤[25]，从而在硝化阶段节省 25% 的曝气量；反硝化阶段节省 40% 的有机碳源；反硝化速率提高 63%；并可以缩短反应时间、减少反应器容积、节省运行费用[26]。短程硝化反硝化工艺为高 NH_4^+-N 低 C/N 废水简化脱氮流程并降低投资费用提供了新思路，被认为是极具推广潜力的节能型生物脱氮新技术。

在短程硝化反硝化工艺中，如何控制 NH_4^+-N 仅氧化成亚硝酸盐（亚硝化）是该反应能否成功的首要条件。随着分子生物学的不断进步，起到硝化作用的两个菌属，即氨氧化菌（Ammoniaoxidizing bacteria，AOB）及亚硝酸盐氧化菌（Nitriteoxidizing bacteria，NOB）的特性差异通过谱系研究也逐渐区分开来。从 AOB 及 NOB 亲缘关系图谱上看，AOB 与 NOB 在进化树中并无进化关系上的必然性[27]，从而研究者可以根据两个菌种生态位的差异性，通过污废水工艺控制技术将 NOB 淘洗出系统外，使 AOB 成为系统中的优势菌群，进而实现亚硝氮的积累及短程硝化反硝化的稳定运行。众多学者通过对短程硝化反硝化影响因素的研究，提出了以溶解氧、游离氨、温度等作为亚硝酸盐累积影响因素及亚硝化过程的控制优化策略，详见表 1-2。

近年来诸多实验证明，在同一反应器内短程硝化与反硝化可同时发生，即短程同步硝化反硝化。该工艺进一步减少了反应器个数，提高了反应器对废水的处理效能，节省运行成本，因而逐渐受到人们的关注并对其做了大量研究[41,42]。其中，由荷兰 Delft 技术大学所研究的 SHARON（Single reactor high activity ammonia removal over nitrite）工艺是目前较为成功的短程硝化反硝化工艺，该工艺根据最小因子定律及耐受性定律，将高 NH_4^+-N 作为限制性营养物质，并通过较高的反应温度（>30℃），根据 AOB 及 NOB 两类菌群的不同动力学参数，形成"分选压力"，达到反应系统内稳定的亚硝酸盐累积，进而通过反硝化作用完成水中氮素的去除[43~45]。目前研究中，虽然可通过控制影响因子实现短程（同步）硝化反硝化工艺，提高反应器处理效率，但其受水质影响较大，实际操作难度较高；此外，为保证反硝化的顺利进行，短程硝化反硝化仍需要较高的碳源[39,40]，这使得该工艺仍无法满足对低碳氮比（C/N）废水的处理要求。

表 1-2　亚硝酸盐累积影响因素及亚硝化过程的控制优化策略

控制条件	原理	反应器	进水水质/(mg/L)	NH₄⁺-N 去除率/%	最优控制参数	亚硝酸盐累积率/%	参考文献
特定的亚硝酸盐抑制剂	对亚硝酸盐氧化菌的选择性抑制	SBR	NH₄⁺-N 100;COD 400	98.3	KClO₃ 5mmol/L	92.95	[28]
		SBR	NH₄⁺-N 100;COD 400	—	羟胺 10mg/L	99.8	[29]
		MBBR	NH₄⁺-N 92~118；COD 895~1109	88	碱度 2.5:1(碳酸氢钠的摩尔比率)	>90	[30]
DO/(mg/L)	AOB 的氧半饱和和低于 NOB	汽提式反应器	NH₄⁺-N 500~700；COD 200~250	82.5	0.3	87	[31]
		MBBR	—	—	3.5	84~97	[32]
		下流式反应器	NH₄⁺-N 100	82.5	0.42	>95	[33]
温度/℃	较高的温度不利于 NOB 生长	圆柱型反应器	NH₄⁺-N 200~220	50.9	35	55.6	[34]
游离氨/(mg/L)	NOB 更容易受到 FA 的抑制	SBR	NH₄⁺-N 131~150；COD 460~850	>90	18	93.4	[15]
世代周期(泥龄)	亚硝酸盐氧化菌世代周期较短	CSTR	NH₄⁺-N 506.8	72.8	14.6	95.4	[35]
		好氧反应器	NH₄⁺-N 1000	92	10.61	84	[36]
		—	NH₄⁺-N 800	—	30℃下 HRT=1d	72	[37]
		SBR	—	70	HRT=1d	50	[38]
C/N		生物膜反应器	COD 500	67.8~69.7	1.8	83.2	[39]
		SBR	NH₄⁺-N 35~40	82.7	6	87.31	[40]

1.2.3 厌氧氨氧化

厌氧氨氧化（Anaerobic ammonium oxidation，ANAMMOX）是 A. Mulder 等[46]在利用流化床反应器处理含氮废水研究时发现并正式命名的一种现象。该反应可利用厌氧氨氧化菌在厌氧条件下以 NO_2^- 为电子受体氧化 NH_4^+，最后生成 N_2 和少量 NO_3^- [47]。具体反应方程式见式(1-5)：

$$NH_4^+ + 1.32NO_2^- + 0.066HCO_3^- + 0.13H^+ \xrightarrow{\text{厌氧氨氧化菌}}$$

$$1.02N_2 + 0.26NO_3^- + 0.066CH_2O_{0.5}N_{0.15} + 2.03H_2O \quad (1-5)$$

根据反应式可以看出，ANAMMOX 具有诸多优点：

① 无需额外碳源，这意味着 CO_2 排放量的减少[48,49]；

② 可节省供氧量，节省曝气 60% 以上（氧化 $1g\ NH_4^+$-N 可节约 $4.57g\ O_2$）[50]；

③ 反应产酸少，无需酸碱中和；

④ 污泥产量少，节省污泥处理费用；

⑤ 运行费用低（其处理成本为 0.75 欧元/kg N，远低于传统生物脱氮工艺 2.5 欧元/kg N[51]）。

然而，由于废水中亚硝酸盐氮含量较少，如何实现亚硝酸盐氮的积累成为厌氧氨氧化工程化应用及推广的技术瓶颈之一。为此，众多学者将短程硝化与厌氧氨氧化相结合并进行了大量研究。SHARON-ANAMMOX 工艺通过在 ANAMMOX 工艺前设置 SHARON 工艺来解决厌氧氨氧化反应亚硝氮来源的问题[52]。这样，在 SHARON 工艺中将约 50% 的 NH_4^+-N 转化为亚硝氮，从而使 SHARON 工艺的出水适合进行厌氧氨氧化作用，进而在厌氧氨氧化反应器中通过厌氧氨氧化作用去除水中 NH_4^+-N[53]。

CANON（Completely autotrophic nitrogen-removal over nitrite）工艺是基于氧限制条件下的单级自养脱氮系统。其基本原理是以溶解氧作为限制因素，将水中部分 NH_4^+-N 转化为亚硝氮，从而为亚硝酸盐氧化菌及厌氧氨氧化菌的共生提供了必要的条件，使其能在同一反应器内实现完全自养脱氮[54]。SHARON-ANAMMOX 及 CANON 这两种工艺因集合了短程硝化及厌氧氨氧化的共同优势，从而受到众多学者的广泛关注。但由于这两种工艺启动时间长，对水中 COD 去除作用较弱，因此两者目前大部分还处于实验室研究阶段，若实现大规模工程化应用仍需进一步研究[55]。

1.2.4　SNAD 工艺

同步亚硝化-厌氧氨氧化-反硝化工艺（Simultaneous partial nitrification，ANAMMOX and denitrification，SNAD）是由大连理工大学杨凤林教授于 2009 年最先提出的，它通过将反硝化耦合到 CANON 工艺中，使得该工艺可以在一个反应器内通过亚硝化-厌氧氨氧化及反硝化作用实现氨氮和 COD 的同时去除[55]。相比于 SHARON-ANAMMOX 及 CANON 工艺，SNAD 工艺具有更大优势。首先，SNAD 采用一个反应器，减少了基建、运行及维护费用；其次，SNAD 能够使短程硝化-厌氧氨氧化及反硝化有机耦合，解决了 SHARON-ANAMMOX 及 CANON 工艺无法有效去除 COD 并在有碳源条件下脱氮率降低的问题。可以预见，这种工艺对经济有效地处理 NH_4^+-N 废水及实现节能减排具有极高价值，并在未来的污水处理中将发挥重要作用[55]。SNAD 相关反应见式(1-6)～式(1-8)[56~58]。

$$NH_4^+ + 1.5O_2 \xrightarrow{\text{氨氧化菌}} NO_2^- + H_2O + 2H^+; \Delta G° = -275kJ/mol \quad (1-6)$$

$$NH_4^+ + 1.32NO_2^- + 0.066HCO_3^- + 0.13H^+ \xrightarrow{\text{厌氧氨氧化菌}}$$

$$1.02N_2 + 0.26NO_3^- + 0.066CH_2O_{0.5}N_{0.15} + 2.03H_2O; \Delta G° = -357kJ/mol$$

$$(1-7)$$

$$2NO_3^- + 1.25CH_3COOH \xrightarrow{\text{反硝化菌}} 2.5CO_2 + N_2 + 1.5H_2O + OH^-;$$

$$\Delta G° = -527.5kJ/mol \quad (1-8)$$

从反应式中可以看出，在标准状态下，3 种反应的 ΔG 均为负值，表明 3 种反应在自然界中均可自发的发生，这为 SNAD 的可行性提供了理论基础。此外，式(1-8)的吉布斯自由能低于式(1-7)，说明在硝氮

表 1-3 SNAD 工艺对高浓度含氮有机废水处理效果

废水类型	反应器	接种污泥	HRT/d	进水 NH_4^+-N 浓度/(mg/L)	C/N	DO /(mg/L)	NH_4^+-N 去除率/%	TN 去除率/%	COD 去除率/%	参考文献
模拟废水	NRBC	厌氧氨氧化反应器内污泥	0.29	210	0.5~0.75	0.5~0.7	79	70	94	[55]
模拟废水	SBR-SBBR	城市污水厂脱水活性污泥	—	180~50	0.5~1	1.2~1.6	90	75.4	70	[60]
模拟废水	SBR	含有厌氧氨氧化菌的垃圾渗滤液处理厂活性污泥	9	418	0.5	0.5~1	96	50.7	87	[61]
模拟废水	SBBR	包含厌氧氨氧化菌的活性污泥	1.67	600	0.5	0.1~0.5	90	88	90	[62]
模拟废水	下流式填充床反应器	好氧池活性污泥	0.125~0.5	200~1013	1	0.2~0.35	51	47	89	[63]
猪场消化液	SBBR	—	1	418±10	0.65~1.24	同歇 0.2; 曝气 2	50	48	87	[64]

续表

废水类型	反应器	接种污泥	HRT/d	进水 NH_4^+-N 浓度/(mg/L)	C/N	DO /(mg/L)	NH_4^+-N 去除率/%	TN 去除率 /%	COD 去除率 /%	参考文献
猪场废水厌氧消化液	SBR	具有良好厌氧氨氧化功能的 SBR	—	1950	1	间歇 0；曝气 0.11	99.45	99.31	77.08	[65]
猪场废水厌氧消化液	SBR	含有厌氧氨氧化菌的垃圾渗滤液处理厂活性污泥	2.5	519	0.75	<0.5	96	80	76	[66]
光电工业废水	SBR	SNAD 污泥	2.5	567	0.18	0.1	95	93	60~79	[18]
化肥废水	上流式生物反应器	城市污水厂，化肥废水处理厂混合污泥	2.31	700~800	0.066	缺氧区 0.1~0.4 好氧区 2.9~3.9	98.9	约 95	48.56	[67]
垃圾渗滤液	SBR	—	2.5	700	0.85	0.1	82	78.2	45	[68]
垃圾渗滤液工程化应用	生物反应池	—	12	634	0.87	0.3	80	76	28	[69]

还原成氮气的过程中异养反硝化菌较厌氧氨氧化菌更具竞争优势[59]。因此，在试验中，为了使厌氧氨氧化菌及异养反硝化菌协同生长，则需要在提高氨氮浓度的同时控制有机碳源的存在。从这个角度说，SNAD在处理高 NH_4^+-N 低 C/N 废水中具有独特优势。目前，众多研究者已成功将 SNAD 工艺用于垃圾渗滤液、猪场废水的厌氧消化液、化肥废水、光电废水等高 NH_4^+-N 低碳氮比废水处理之中（见表1-3）。但目前该工艺仅适用于 C/N<1.0 的高 NH_4^+-N 有机废水处理且 DO 需要维持在 0.5mg/L 以下，过低的 DO 及 C/N 使得 AOB 及反硝化菌功能和活性不能得到有效发挥，限制了系统对 NH_4^+-N 和 COD 的高效去除；此外，较低的 C/N 限制了 SNAD 工艺在处理其他 C/N 大于 1.0 的含氮有机废水的实际应用。

1.3　序批式生物膜反应器研究进展

1.3.1　序批式生物膜反应器的发展及类型

相比于活性污泥法，生物膜法因其比表面积大、生物持留性能好、抗冲击负荷能力强等特点，近年来在高氨低碳氮比废水处理中受到广泛重视，众多学者对生物流化床[70]、生物转盘[71]、生物滤池[72,73]、升流式微氧生物膜反应器[74] 等不同生物膜反应器进行了研究探索。其中，序批式生物膜反应器（Sequencing batch biofilm reactor，SBBR）作为一种新型而实用的反应器被广泛用于处理高浓度含氮废水处理。

SBBR 是在序批式活性污泥反应器（Sequencing batch reactor，SBR）的基础上，通过往 SBR 反应器内填装生物填料，从而将生物膜法与序批式活性污泥法两者特性相结合的新型生物膜反应器。其发展历程可以追溯到 20 世纪。1991 年，Gonzalez 等[75] 在研究生物除磷时，将固定床生物膜反应器以进水、周期曝气、排水的方式运行，从而将 SBR 的间歇操作模式引入进生物膜反应器中，提出序批式生物膜反应器技术概念[76]，随后发现该技术较连续流生物膜反应器有着较强的抗负荷冲击能力[77,78]，并在相同的水力停留时间条件下，能够比普通SBR反应器获得更高的生物量用以污染物的去除[79]。

目前为止，根据SBBR的结构和运行特点，SBBR主要可分为：序批式固定床生物膜反应器（Packed bed sequencing batch biofilm reactor）、序批式流动床生物膜反应器（Fluidized bed sequencing batch biofilm reactor）以及序批式膜生物膜反应器（Sequencing batch membrane biofilm reactor)[80]三类。

（1）序批式固定床生物反应器

序批式固定床生物膜反应器及部分填料挂膜后效果图如书后彩图1所示。

同接触氧化反应器类似，该反应器在序批式生物膜反应器中加入软纤维填料、聚氨酯填料、聚乙烯填料等固定化载体，采用接种法或自然挂膜法使污泥生长于填料上，挂膜后的部分填料形态如书后彩图1中A～C所示。在运行阶段，所加填料保持静止，而废水相对于填料载体则保持流动状态。NH_4^+-N、COD、溶解性胶体物质及难降解颗粒物质等污染物通过附着于填料的微生物降解去除或者通过固定的生物填料层截留。相对流动的废水则使得反应器内能够保持良好的传质效果。此外，反应器内的固定填料可在出水时起到过滤作用，减少出水中悬浮固体含量，从而省去了后续二沉池的建造及运行。

（2）序批式流动床生物膜反应器

同序批式固定床生物膜反应器将填料固定于反应器中不同的是，序批式流动床生物膜反应器内的生物填料（如鲍尔环、悬浮空心球等）的密度通常与废水相同或者略小于废水的密度[85]。在废水处理过程中，可在曝气及机械搅拌的作用下在废水中自由移动，因此序批式流动床生物膜反应器无需同序批式固定床生物膜反应器一样进行定期的反冲洗。其中具有代表性的序批式流动床生物膜反应器主要有生物流化床、气提式生物膜反应器和移动床生物膜反应器等。序批式流动床生物膜反应器及部分填料挂膜后效果图如书后彩图2所示。

（3）序批式膜生物膜反应器

序批式膜生物膜反应器最大特点是将序批式运行模式及膜生物膜反

应器的各自优势有机融合，从而达到高效处理废水的良好效果。该反应器的构造同膜生物膜反应器类似，在反应器内装有疏水型多微孔膜或无孔硅胶膜[87]，这种膜不仅能为微生物附着生长提供良好环境，有效持留世代周期较长的微生物以及一些对特种污染物能够有效降解的特种菌群[88]；而且可使 O_2 通过膜扩散进入生物膜中。克服了鼓泡曝气过程中所具有的氧气利用不充分、气泡汽提所导致的挥发性有机污染物转移等缺陷，这种无气泡供氧方式极大地提高了 O_2 利用率，减少了去除污染物所需能耗。序批式膜生物膜反应器示意如图 1-1 所示。

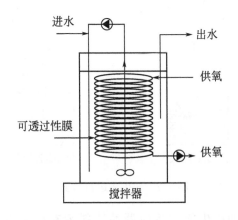

图 1-1　序批式膜生物膜反应器示意[89]

1.3.2　SBBR 运行方式及特点

（1）SBBR 运行方式

SBBR 运行过程遵循 SBR 运行方式，采用序批式运行模式。通常一个完整的周期包含进水、反应、沉淀、出水、闲置 5 个阶段（见图 1-2）。其中，在反应阶段可根据曝气量的多少分为好氧反应、缺氧反应、厌氧反应等不同反应过程。

表 1-4 列举了不同水质条件下 SBBR 运行方式。

由表 1-4 可以看出，在实际运行过程中，这 5 个阶段可根据所需出水水质要求，通过预先设置自动完成。为确保填料能在反应器处于流化

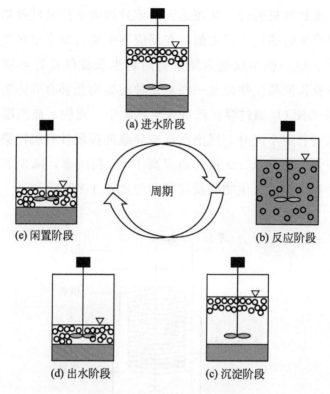

图 1-2　SBBR 运行方式[91]

状态，序批式流动床生物膜反应器的填料填充比一般为 2%～8% 左右。而序批式固定床生物膜反应器的填充比则要大于 40%。此外，各周期运行时间、换水比、填料填充比等则需根据废水 NH_4^+-N 浓度、COD浓度等水质特性及出水指标进行灵活控制及适宜改变。不适宜的运行策略则有可能导致出水水质无法达到预期标准[90]。

由表 1-4 可以看出，SBBR 反应器能够经济有效地完成各种类型废水的 COD 及 NH_4^+-N 的去除。从 1991 年 Wilderer 等[75] 将 SBR 的运行方式引入生物膜反应器中，SBBR 反应器就有效克服了 SBR 法及生物膜法各自的缺陷，并将两者的优势有机融合，形成了在废水处理中的独特优势。

（2）SBBR 运行特点

① 操控灵活，水处理效果好。SBBR 可根据水质灵活调节各反应阶段时间，而附着于 SBBR 填料上的生物膜内部会形成缺氧及好氧等不

表 1-4 不同水质条件下 SBBR 运行方式

反应器类型（填料）	进水水质/(mg/L)		填充比/%	换水比/%	运行时间/min							去除率/%		参考文献
	NH₄⁺-N	COD			进水	反应			沉淀	出水	闲置	NH₄⁺-N	COD	
						好氧	缺氧	厌氧						
移动床（多孔聚合物）	85~123	1000~2500	5	33.3	0	420min 曝气3h,不曝气1.5h, 曝气1.5h,不曝气1h			—	0	—	96.1	94.1	[92]
移动床（聚酯海绵）	480	2000	40	33.3	0	360	—	90	30	0	—	25~50	60~90	[90]
移动床（聚乙烯环）	约75	675	2	70	120	480	180	—	90	60	30	96	76.5	[93]
移动床（PU）	48	200	8	70	0	600	120	—	90	60	570	99	90	[94]
纤维填料（SNAP）	2400	0	50	25	5	4	—	4	—	5	—	94.7	—	[95]
固定床（无纺布）	约254	—	40	50	5	120	30	90	10	5	—	—	—	[96]
固定组合填料	1150~1250	1400~2500	>50	—	0	1440	—	—	30	0	—	98.9	—	[97]
固定床（丝瓜络载体）	36.9~59.7	251~414	50	—	0	360	—	—	60	—	—	90	89	[84]
An-SBBR	35	1000	—	20	15	—	—	1380	30	15	—	—	78	[98]
An-SBBR	—	530	—	—	10	—	—	460	—	10	—	—	87	[99]

同的区域，使不同功能菌群存在于生物膜内部不同位置[100]，进而对各种废水进行有效处理；此外，可以在生物反应过程中插入化学氧化等步骤，强化处理工业废水中的有害物质[101]。

② 生物相更为丰富。由于 SBBR 是在 SBR 的基础上添加了用于生物附着的填料载体，因此，其汲取了生物膜反应器的优势，克服了 SBR 污泥流失较严重的弊端，保持较高的生物截留能力。此外，微生物附着于鲍尔环、聚氨酯海绵填料等载体之中，载体较大的比表面积及孔隙率为功能菌群提供了适宜的生存环境，各种不同的微生物因好氧与缺氧环境可并存于同一生态系统中。因此，SBBR 反应器能够承受较大的环境波动，这样，氨氧化菌、亚硝酸盐氧化菌等增殖速度慢、世代时间长的细菌和高层次营养水平的生物均能栖息于生物膜上，生物多样性更加丰富。

③ 微生物分布均匀。传统连续流生物膜反应器由于生物分布的不均匀性，当进水负荷剧烈波动时，反应器无法有效快速适应，从而使得反应器系统失常。与此相反，SBBR 反应器由于序批式运行模式，生长于反应器内的微生物会在运行过程中形成均匀的分布并产生生理适应性，微生物达到较高的繁殖速率及优异的生长状态，使得生长于 SBBR 中的菌群结构更加稳定，进一步改善了 SBBR 抗负荷冲击能力。

④ 节省基建费用。由于 SBBR 反应器继承了 SBR 序批式的运行模式，因此同推流式反应器从空间上去除污染物不同的是，其可用一个单独的操作单元通过时间上的变化，完成脱氮除碳，无需设置二沉池，节省基建费用。

1.3.3 SBBR 处理高浓度含氮有机废水研究进展

作为一种将 SBR 与生物膜法相结合的工艺，SBBR 工艺因其所具有的独特优势，使其在高 NH_4^+-N 低 C/N 废水中得到较广泛的研究应用。

（1）畜禽废水

畜禽废水是农村废水中的重要组成部分，通常包括较高的有机物及 NH_4^+-N 浓度[92]。Hai 等[102] 研究了以多孔聚合物为填料的 SBBR 反应器对猪场废水的处理效果。研究表明：在换水比为 12.5%、DO 为

3.75mg/L 时，SBBR 系统体现出良好的废水处理效果，NH_4^+-N 及 COD 的去除率分别达到 95.7% 及 98.2%，出水浓度分别为 35.22mg/L 及 85.6mg/L，并发现了同时硝化反硝化现象。Xiao 等[92] 采用新型的 SBBR 反应器，以多孔聚合物为载体，研究不同工艺运行策略下 SBBR 对畜禽废水处理效果。发现当采用 3h 曝气-1.5h 厌氧反应-1.5h 曝气-1h 厌氧反应的工艺运行条件下，能够取得良好的 NH_4^+-N 及 TN 去除效果，NH_4^+-N 及 TN 的去除率分别为 96.1% 及 92.1%，并显示出较为明显短程同时硝化反硝化现象。此外，Xiao 等课题组还采用 PCR-DGGE 技术进行了细菌多样性分析，发现生物膜内具有反硝化菌及氨氧化菌，并且受到运行模式及 NH_4^+-N 负荷变化的影响，运行期的氨氧化菌多样性略低于驯化期[103]。

（2）垃圾渗滤液

垃圾渗滤液作为一种典型的高氨低碳氮比废水，SBBR 的第一个中试规模的反应器即用于处理德国汉堡的 Georgswerder 的填埋垃圾渗滤液[104]。近年来，国内外学者用 SBBR 对垃圾渗滤液的处理做了广泛的研究。杨志等[97] 考察了氮负荷、温度及挂膜密度对装有组合填料的 SBBR 处理老龄化垃圾渗滤液硝化效能的影响。发现 SBBR 系统在温度 30℃、氮负荷为 0.2kg/(m^3·d)、DO 为 4～5mg/L、挂膜密度 30%、周期时间 24.5h 时，SBBR 对垃圾渗滤液中 NH_4^+-N 的去除率达到 99% 以上。齐利华等[105] 运用两级 SBBR 反应器对晚期城市生活垃圾厂渗滤液进行预处理实验研究。结果表明，在 20～30℃ 条件下，控制一级 SBBR 反应器 HRT 为 8d，二级 SBBR 反应器 HRT 为 4d，溶解氧分别为 2.0mg/L、2.5mg/L 时，COD、NH_4^+-N 的平均去除率分别达到 48.11%、82.49%，并对垃圾渗滤液中诸如醛酮类、酰胺类和羧酸类等有机物的去除达到 79% 以上。Miao 等[106] 以 SBR-AnSBBR 作为反应器，其中在 SBBR 中添加海绵立方体作为填料，经过 107d 的反应运行，实现了对垃圾渗滤液中 COD 及 NH_4^+-N 的有效去除。同时对 EPS 研究发现，SBBR 生物膜中的 TBEPS 较活性污泥中的 TBEPS 含量显著提高，显示 TBEPS 在保护生物膜微生物方面起了重要作用。

（3）焦化废水

　　焦化废水作为一种典型的高氨氮有机工业废水，主要产生于煤的高温干馏、煤气净化以及焦油加工和粗苯精制的过程之中。该类废水不仅成分复杂，包括氰化物、多环芳烃、含氮杂环化合物以及酚化物等可致癌致畸的有毒物质，而且水质水量受各生产工艺操作规律变化，波动范围大；此外，废水中 COD 及 NH_4^+-N 含量较高，可生化性差[107,108]。于晓丹等[109] 比较了单一 SBBR 反应器与 AnSBBR-SBBR 反应器对焦化废水的去除效果。其中 SBBR 反应器采用进水、好氧反应、缺氧反应、排放和闲置 5 个工序。研究结果表明，较单一 SBBR 反应器，连用 AnSBBR 与 SBBR 反应器可使 NH_4^+-N 的去除率从 77.5% 提高至 87.4%，COD 的去除率从 47.5% 提高至 64.7%，改善了焦化废水的可生化性。

　　(4) 其他高氨氮有机废水

　　杨静超等[110] 探讨了不同运行模式下，两级 SBBR 对猪场废水厌氧消化液的处理效果。研究发现，当一级 SBBR 的反应器曝停比为 1.5h:0.5h、二级反应器曝停比为 2h:1h、总曝气时间为 9.5h 时 NH_4^+-N 的去除效果达到最优状态，为 68.2%。此外，他还发现不同的填料及不同组合方式对污染物的去除效果亦有所不同。当将一级 SBBR 反应器投加碳素纤维填料，二级 SBBR 反应器中投加组合填料时，两级 SBBR 系统对 COD 的去除率最好（93.7%）；当两级 SBBR 反应器均加入碳素纤维填料，对氨氮的去除率可达到 69.2%[111]。Zhang 等[64] 在 SBBR 反应器中添加多孔无纺布作为填料处理猪场消化液。研究表明，当 C/N 值小于 0.8 时，相比于反硝化作用，CANON 工艺能够更好地去除系统内的 TN。同时通过 PCR-DGGE 发现，在长时间的稳定运行过程中，浮霉菌门的多样性在逐渐减少，但氨氧化菌对外界环境波动有较强的适应能力。Di 等[112] 进行了制革废水中污染物降解的研究。研究采用臭氧化学处理与序批式生物滤池相结合的工艺，对制革废水初沉池的污水进行处理。发现该联合工艺能够去除 97% 的 COD 及 98% 的 NH_4^+-N，且出水水质达到意大利相关标准。Arnold 等[113] 比较了 SBR 与 SBBR 对污泥消化上清液污染物的去除效果。结果发现，虽然两个反应器 NH_4^+-N 去除效果均能达到 90% 以上，但 SBBR 的去除效果略优于

SBR。Daverey 等[62] 以 SBBR 为反应器，添加新型填料（主要成分为废弃活性污泥、红壤及化学添加发泡剂），采用模拟配水成功启动了处理高 NH_4^+-N 低 C/N 废水的 SNAD 工艺。在运行稳定期，在进水 TN 负荷为 360g/(m^3·d)，COD 负荷为 180g/(m^3·d)，C/N 值为 0.5 时，TN 及 COD 的去除率分别达到 88% 及 90% 以上，实现了良好的去除效果。此外，通过对系统中菌群进行定量 PCR 测试分析证明，SNAD 的形成是由于丰富的氨氧化菌、厌氧氨氧化菌及反硝化菌等菌群共存于反应系统内的结果。

1.4 本书编写目的与主要内容

1.4.1 编写目的

高含氮有机废水，由于其 NH_4^+-N 浓度高、C/N 低而限制了硝化、反硝化和有机物的去除效率，成为国内外研究的热点及难点。SBBR 作为一种新型的生物膜反应器，因其将 SBR 运行模式及生物膜反应器相结合所形成的独特优势，被广泛用于高 NH_4^+-N 低 C/N 废水的研究中。SNAD 工艺能够有效耦合短程硝化反硝化及厌氧氨氧化工艺，使反应器在实现高效脱氮的同时去除水中 COD。然而，目前对于该工艺在高 NH_4^+-N 低 C/N 废水方向的研究大多集中在 C/N<1.0 的废水，对于 C/N>1.0 的高 NH_4^+-N 低 C/N 废水仍需要开发其他生物脱氮新工艺，并通过长期运行和工艺优化控制实现高 NH_4^+-N 低 C/N 废水的高效处理；另外，从生物膜微环境角度看，生物膜内部形貌、功能微区的分布及其胞外聚合物等对反应处理效果均有重要影响[114,115]。此外，系统微生物功能菌群结构及优势菌属决定着反应器工艺性能[116]。但目前针对 SBBR 系统处理高含氮有机废水的微环境特性、微生物菌群及功能菌属解析等方面机理研究尚不深入。

基于以上，本书以 SBBR 作为反应器，添加聚氨酯（PU）海绵作为填料，通过控制优化关键反应参数，考察处理高 NH_4^+-N 低 C/N 废水实现好氧氧化-短程硝化反硝化与厌氧氨氧化的相互耦合适用性及作用机制，并深入探究 PU-SBBR 系统在处理高 NH_4^+-N 低 C/N 废水的微环境特征、解析关键功能菌群结构变化特征，以期为高氨低碳废水脱氮除碳处理工艺理论、应用及机理提供理论依据和科学基础。

1.4.2　主要内容

（1）SBBR 系统处理高氨有机废水启动及稳定运行特性

考察 PU-SBBR 系统处理高 NH_4^+-N 低 C/N 废水的启动及长期运行效果，着重研究系统稳定运行时不同运行工况下 PU-SBBR 系统对高 NH_4^+-N 低 C/N 废水的脱氮除碳效能，明确工艺最佳运行条件，探究处理效率与 pH 值、DO 和 ORP 特征参数的关联性。

（2）SBBR 系统处理高氨有机废水生物膜微环境特征

通过扫描电子显微镜、原子力显微镜及傅里叶红外光谱对 PU-海绵填料特性进行研究。通过 SEM 表征，研究不同阶段生物膜形态变化；采用三维荧光光谱法、傅里叶红外光谱法对生物膜 EPS 进行分析，探究不同阶段生物膜胞外聚合物变化特征与系统处理效果关联性；采用氧微电极测量技术研究生物膜内氧浓度分布、生物膜结构及氧传质动力学。

（3）SBBR 系统处理高氨有机废水微生物群落结构特征

采用高通量测序等分子生物学方法，研究不同阶段生物膜微生物菌群多样性及结构特征，重点解析氨氧化菌、亚硝酸盐氧化菌、厌氧氨氧化菌及反硝化菌等关键脱氮功能菌群群落结构及丰度，分析不同阶段功能菌群竞争/协同关系。

（4）SBBR 系统处理高氨有机废水生化反应动力学

采用不同动力学模型考察 PU-SBBR 系统去除 NH_4^+-N、TN 和 COD 的反应动力学适用性，确定 PU-SBBR 系统所符合的最适动力学模型和反应动力学参数，评估 PU-SBBR 系统对高氨有机废水处理性能和去除潜力。

参考文献

[1] De-Bashan L E, Bashan Y. Immobilized microalgae for removing pollutants: review of practical aspects [J]. Bioresource Technology, 2010, 101 (6): 1611-1627.

[2] Van Hulle S W H, Vande Weyer H J P, Meesschaert B D, et al. Engineering aspects and practical application of autotrophic nitrogen removal from nitrogen rich streams [J]. Chemical Engineering Journal, 2010, 162 (1): 1-20.

[3] Huang Y, Hou X, Liu S, et al. Correspondence analysis of bio-refractory compounds degradation and microbiological community distribution in anaerobic filter for coking wastewater treatment [J]. Chemical Engineering Journal, 2016, 304: 864-872.

[4] Zhou X, Li Y, Zhao Y. Removal characteristics of organics and nitrogen in a novel four-stage biofilm integrated system for enhanced treatment of coking wastewater under different HRTs [J]. RSC Advances, 2014, 4(30): 15620-15629.

[5] Zhu S, Ni J. Treatment of coking wastewater by a UBF-BAF combined process [J]. Journal of Chemical Technology & Biotechnology, 2008, 83 (3): 317-324.

[6] Im J, Gil K. Effect of anaerobic digestion on the high rate of nitration, treating piggery wastewater [J]. Journal of Environmental Sciences, 2011, 23 (11): 1787-1793.

[7] Kim T-H, Nam Y-K, Joo Lim S. Effects of ionizing radiation on struvite crystallization of livestock wastewater [J]. Radiation Physics and Chemistry, 2014, 97 (2): 332-336.

[8] Othman I, Anuar A N, Ujang Z, et al. Livestock wastewater treatment using aerobic granular sludge [J]. Bioresource Technology, 2013, 133: 630-634.

[9] Jia C, Kang R, Zhang Y, et al. Synergic treatment for monosodium glutamate wastewater by Saccharomyces cerevisiae and Coriolus versicolor [J]. Bioresource Technology, 2007, 98 (4): 967-970.

[10] Yang Q, Yang M, Zhang S, et al. Treatment of wastewater from a monosodium glutamate manufacturing plant using successive yeast and activated

sludge systems [J]. Process Biochemistry, 2005, 40 (7): 2483-2488.

[11] Sapari N, Orji K U, Mohamad Hazli M H B, et al. Engineered Wetland for the Treatment of Wastewater from Fertilizer Plant [J]. Advanced Materials Research, 2014, 1051: 500-504.

[12] Li H Q, Han H J, Du M A, et al. Removal of phenols, thiocyanate and ammonium from coal gasification wastewater using moving bed biofilm reactor [J]. Bioresource Technology, 2011, 102 (7): 4667-4673.

[13] Zhao Q, Liu Y. State of the art of biological processes for coal gasification wastewater treatment [J]. Biotechnology Advances, 2016, 34(5): 1064-1072.

[14] Gabarro J, Ganigue R, Gich F, et al. Effect of temperature on AOB activity of a partial nitritation SBR treating landfill leachate with extremely high nitrogen concentration [J]. Bioresource Technology, 2012, 126 (6): 283-289.

[15] Sun H, Peng Y, Wang S, et al. Achieving nitritation at low temperatures using free ammonia inhibition on Nitrobacter and real-time control in an SBR treating landfill leachate [J]. Journal of Environmental Sciences 2015, 30 (4): 157-163.

[16] 何清明, 李廷友, 韦平和. 低碳氮比畜禽粪水厌氧消化液短程硝化脱氮试验研究 [J]. 农业环境科学学报, 2016, 35 (10): 2005-2010.

[17] 黄广道. 曝气生物滤池法深度处理制革废水试验研究 [J]. 河南师范大学学报 (自然版), 2012, 40 (4): 81-83.

[18] Daverey A, Su S H, Huang Y T, et al. Nitrogen removal from opto-electronic wastewater using the simultaneous partial nitrification, anaerobic ammonium oxidation and denitrification (SNAD) process in sequencing batch reactor [J]. Bioresource Technology, 2012, 113 (4): 225-231.

[19] 杨延栋, 黄京, 韩晓宇, 等. 一体式厌氧氨氧化工艺处理高氨氮污泥消化液的启动 [J]. 中国环境科学, 2015, 35 (4): 1082-1087.

[20] Ng W J. Sequencing batch reactor (SBR) treatment of wastewaters, Environmental Sanitation Review, Environmental Sanitation Information Centre, Bangkok, Thailand, 1989.

[21] 沈耀良, 王宝贞. 废水生物处理新技术——理论与应用 (第二版) [M]. 北京. 中国环境科学出版社, 2006.

[22] Ruiz G, Jeison D, Chamy R. Nitrification with high nitrite accumulation for

the treatment of wastewater with high ammonia concentration [J]. Water Research，2003，37 (6)：1371-1377.

[23] 周少奇. 厌氧氨氧化与反硝化协同作用化学计量学分析 [J]. 华南理工大学学报（自然科学版），2006，34 (5)：1-4.

[24] Voets J P，Verstraete W. Removal of nitrogen from highly nitrogenous wastewaters [J]. Water Environment Federation，1975，47 (2)：394-398.

[25] Turk O，Mavinic D S. Stability of Nitrite Build-Up in an Activated Sludge System [J]. Journal，1989，61 (8)：1440-1448.

[26] Yoo H，Ahn K H，Lee H J，et al. Nitrogen removal from synthetic wastewater by simultaneous nitrification and denitrification (SND) via nitrite in an intermittently-aerated reactor [J]. Water Research，1999，33 (1)：145-154.

[27] 马英，钱鲁闽，王永胜，等. 硝化细菌分子生态学研究进展 [J]. 中国水产科学，2007，14 (5)：872-879.

[28] Xu G，Xu X，Yang F，et al. Selective inhibition of nitrite oxidation by chlorate dosing in aerobic granules [J]. Journal of Hazardous Materials，2011，185 (1)：249-254.

[29] Xu G，Xu X，Yang F，et al. Partial nitrification adjusted by hydroxylamine in aerobic granules under high DO and ambient temperature and subsequent Anammox for low C/N wastewater treatment [J]. Chemical Engineering Journal，2012，213 (12)：338-345.

[30] Hou B，Han H，Jia S，et al. Effect of alkalinity on nitrite accumulation in treatment of coal chemical industry wastewater using moving bed biofilm reactor [J]. Journal of Environmental Sciences，2014，26 (5)：1014-1022.

[31] Jin R C，Zhang Q Q，Liu J H，et al. Performance and stability of the partial nitrification process for nitrogen removal from monosodium glutamate wastewater [J]. Separation and Purification Technology，2013，103 (2)：195-202.

[32] Gut L，Plaza E，Trela J，et al. Combined partial nitritation/Anammox system for treatment of digester supernatant [J]. Water Science & Technology，2006，53 (12)：149.

[33] Chuang H P，Ohashi A，Imachi H，et al. Effective partial nitrification to nitrite by down-flow hanging sponge reactor under limited oxygen condition

[J]. Water Research, 2007, 41 (2): 295-302.

[34] 郭宁, 张建, 孔强, 等. 温度对亚硝化及氧化亚氮释放的影响 [J]. 环境工程学报, 2013, 7 (4): 1308-1312.

[35] Chen J, Zheng P, Yu Y, et al. Enrichment of high activity nitrifers to enhance partial nitrification process [J]. Bioresource Technology, 2010, 101 (19): 7293-7298.

[36] Sui Q, Liu C, Zhang J, et al. Response of nitrite accumulation and microbial community to free ammonia and dissolved oxygen treatment of high ammonium wastewater [J]. Applied Microbiology and Biotechnology, 2016, 100 (9): 4177-4187.

[37] Van D U, Jetten M S, Van Loosdrecht M C. The SHARON-Anammox process for treatment of ammonium rich wastewater [J]. Water Science & Technology, 2001, 44 (1): 153.

[38] Gal A, Dosta J, Van Loosdrecht M C M, et al. Two ways to achieve an anammox influent from real reject water treatment at lab-scale: Partial SBR nitrification and SHARON process [J]. Process Biochemistry, 2007, 42 (4): 715-720.

[39] 谭冲, 刘颖杰, 王薇, 等. 碳氮比对聚氨酯生物膜反应器短程硝化反硝化的影响 [J]. 环境科学, 2014, 35 (10): 3807-3813.

[40] 傅金祥, 徐岩岩. 碳氮比对短程硝化反硝化的影响 [J]. 沈阳建筑大学学报自然科学版, 2009, 25 (4): 728-731.

[41] 傅金祥, 张羽, 杨洪旭, 等. 连续流短程同步硝化反硝化启动及影响因素研究 [J]. 供水技术, 2011, 05 (1): 23-26.

[42] 张可方, 方茜, 曹勇锋. 温度和溶解氧对短程同步硝化反硝化脱氮效果的影响 [J]. 广州大学学报 (自然科学版), 2011, 10 (1): 81-84.

[43] Hellinga C, Schellen A, Mulder J, et al. The sharon process: An innovative method for nitrogen removal from ammonium-rich waste water [J]. Water Science and Technology, 1998, 37 (9): 135-142.

[44] 孙英杰, 张隽超, 胡跃城. 亚硝酸型硝化的控制途径 [J]. 中国给水排水, 2002, 18 (6): 29-31.

[45] 万金保, 王建永. 基于短程硝化反硝化的 SHARON 工艺原理及技术要点 [J]. 工业水处理, 2008, 28 (4): 13-15.

[46] Mulder A, Graaf A A, Robertson L A, et al. Anaerobic ammonium oxidation discovered in a denitrifying fluidized bed reactor [J]. FEMS Microbiology Ecology, 1995, 16 (3): 177-184.

[47] Strous M, Kuenen J G, Jetten M S. Key physiology of anaerobic ammonium oxidation [J]. Applied and Environmental Microbiologybiol, 1999, 65 (7): 3248-3250.

[48] Kartal B, Kuenen J G, Van Loosdrecht M C. Engineering. Sewage treatment with anammox [J]. Science, 2010, 328 (5979): 702-703.

[49] Kuenen J G. Anammox bacteria: from discovery to application [J]. Nat Rev Microbiol, 2008, 6 (4): 320-326.

[50] 齐京燕, 李旭东, 曾抗美, 等. 厌氧氨氧化反应器研究进展 [J]. 应用与环境生物学报, 2007, 13 (5): 748-752.

[51] Tang C J, Zheng P, Wang C H, et al. Performance of high-loaded ANAMMOX UASB reactors containing granular sludge [J]. Water Research, 2011, 45 (1): 135-144.

[52] Cui F, Mo K, Park S, et al. Comparative study on SBNR, GSBR and Anammox for combined treatment of anaerobic digester effluent [J]. KSCE Journal of Civil Engineering, 2015, 20 (2): 590-596.

[53] Sri Shalini S, Jsoeph K. Nitrogen management in landfill leachate: application of SHARON, ANAMMOX and combined SHARON-ANAMMOX process [J]. Waste Management, 2012, 32 (12): 2385-2400.

[54] Campos J. Nitrification in saline wastewater with high ammonia concentration in an activated sludge unit [J]. Water Research, 2002, 36 (10): 2555-2560.

[55] Chen H, Liu S, Yang F, et al. The development of simultaneous partial nitrification, ANAMMOX and denitrification (SNAD) process in a single reactor for nitrogen removal [J]. Bioresource Technology, 2009, 100 (4): 1548-1554.

[56] Koops H P, Bottcher B, Moller U C, et al. Classification of eight new species of ammonia-oxidizing *bacteria*: *Nitrosomonas communis* sp. nov., *Nitrosomonas ureae* sp. nov., *Nitrosomonas aestuarii* sp. nov., *Nitrosomonas marina* sp. nov., *Nitrosomonas nitrosa* sp. nov., *Nitrosomonas eutropha* sp. nov., *Nitrosomonas oligotropha* sp. nov. and *Nitrosomonas halophila*

sp. nov [J]. Journal of General Microbiology, 1991, 137 (7): 1689-1699.

[57] Sabumon P C. Anaerobic ammonia removal in presence of organic matter: a novel route [J]. Journal of Hazardous Materials, 2007, 149 (1): 49-59.

[58] Strous M, Heijnen J J, Kuenen J G, et al. The sequencing batch reactor as a powerful tool for the study of slowly growing anaerobic ammonium-oxidizing microorganisms [J]. Applied Microbiology and Biotechnology, 1998, 50 (5): 589-596.

[59] Anjali G, Sabumon P C. Development of simultaneous partial nitrification, anammox and denitrification (SNAD) in a non-aerated SBR [J]. International Biodeterioration & Biodegradation, 2016, 119: 43-45.

[60] Wen X, Zhou J, Li Y, et al. A novel process combining simultaneous partial nitrification, anammox and denitrification (SNAD) with denitrifying phosphorus removal (DPR) to treat sewage [J]. Bioresource Technology, 2016, 222: 309-316.

[61] Lan C J, Kumar M, Wang C C, et al. Development of simultaneous partial nitrification, anammox and denitrification (SNAD) process in a sequential batch reactor [J]. Bioresource Technology, 2011, 102 (9): 5514-5519.

[62] Daverey A, Chen Y C, Duta K, et al. Start-up of simultaneous partial nitrification, anammox and denitrification (SNAD) process in sequencing batch biofilm reactor using novel biomass carriers [J]. Bioresource Technology, 2015, 190: 480-486.

[63] Anjali G, Sabumon P C. Development of enhanced SNAD process in a down-flow packed bed reactor for removal of higher concentrations of NH_4^+-N and COD [J]. Journal of Environmental Chemical Engineering, 2015, 3 (2): 1009-1017.

[64] Zhang Z, Li Y, Chen S, et al. Simultaneous nitrogen and carbon removal from swine digester liquor by the Canon process and denitrification [J]. Bioresource Technology, 2012, 114: 84-89.

[65] Zhang F, Peng Y, Miao L, et al. A novel simultaneous partial nitrification Anammox and denitrification (SNAD) with intermittent aeration for cost-effective nitrogen removal from mature landfill leachate [J]. Chemical Engineering Journal, 2017, 313: 619-628.

[66] Daverey A, Hung N T, Dutta K, et al. Ambient temperature SNAD process treating anaerobic digester liquor of swine wastewater [J]. Bioresource Technology, 2013, 141: 191-198.

[67] Keluskar R, Nerurkar A, Desai A. Development of a simultaneous partial nitrification, anaerobic ammonia oxidation and denitrification (SNAD) bench scale process for removal of ammonia from effluent of a fertilizer industry [J]. Bioresource Technology, 2013, 130: 390-397.

[68] Wang C, Kumar M, Lan C, et al. Landfill-leachate treatment by simultaneous partial nitrification, anammox and denitrification (SNAD) process [J]. Desalination & Water Treatment, 2011, 32 (1): 4-9.

[69] Wang C C, Lee P H, Kumar M, et al. Simultaneous partial nitrification, anaerobic ammonium oxidation and denitrification (SNAD) in a full-scale landfill-leachate treatment plant [J]. Journal of Hazardous Materials, 2010, 175 (1-3): 622-628.

[70] 叶正芳, 温丽丽, A G L Borthwick, 等. 曝气生物流化床处理炼油厂含硫和高氨氮污水的研究 (英文) [J]. 应用基础与工程科学学报, 2005, 13 (4): 345-357.

[71] 孙卫红, 操家顺, 江溢. A/O生物转盘工艺处理氨氮废水 [J]. 上海环境科学, 2001, 08: 390-392.

[72] Sun F, Sun W L. A simultaneous removal of beryllium and ammonium-nitrogen from smelting wastewater in bench-and pilot-scale biological aerated filter [J]. Chemical Engineering Journal, 2012, 210 (6): 263-270.

[73] 吴烨, 倪晋仁. 焦化废水的生物滤池A/O厌氧生物强化处理研究 [J]. 北京大学学报 (自然科学版), 2015, 51 (5): 905-912.

[74] 王成, 孟佳, 李玖龄, 等. 升流式微氧生物膜反应器处理高氨氮低C/N比养猪废水的效能 [J]. 化工学报, 2016, 67 (9): 3895-3901.

[75] Gonzalez Martinez S, Wilderer P A. Phosphate removal in a biofilm reactor [J]. Water Science & Technology, 1991, 23 (7-9): 1405.

[76] Wilderer P A. Sequencing batch biofilm reactor technology [C]. R. L M, A. B. Harnessing Biotechnology for the 21st Century. Washington, DC: American Chemical Society, 1992: 475-479.

[77] Kaballo H, Zhao Y, Wilderer P. Elimination of *p*-chlorophenol in biofilm re-

actors-A comparative study of continuous flow and sequenced batch operation [J]. Water Science and Technology，1995，31（1）：51-60.

[78] Wilderer P A，R Ske I，Uebersch R A，et al. Continuous flow and sequenced batch operation of biofilm reactors：A comparative study of shock loading responses [J]. Biofouling，1993，6（4）：295-304.

[79] Lessel T H. Upgrading and nitrification by submerged bio-film reactors-experiences from a large scale plant [J]. Water Science & Technology，1994，29（10）：167-174.

[80] 张俊，丁武泉. 序批式生物膜反应器（SBBR）研究现状与前景分析 [J]. 世界科技研究与发展，2008，30（6）：718-722.

[81] Mielcarek A，Rodziewicz J，Janczukowicz W，et al. Effect of the C：N：P ratio on the denitrifying dephosphatation in a sequencing batch biofilm reactor（SBBR）[J]. Journal of Environmental Sciences（China），2015，38（12）：119-125.

[82] Zhang L，Wei C，Zhang K，et al. Effects of temperature on simultaneous nitrification and denitrification via nitrite in a sequencing batch biofilm reactor [J]. Bioprocess and Biosystems Engineering Eng，2009，32（2）：175-182.

[83] 王永杰，周岳溪，李杰，等. PVF-I 型填料对 SBBR 工艺处理腈纶废水影响研究 [J]. 水处理技术，2011，37（9）：101-104.

[84] 张尚华，王营章，刘志强，等. 丝瓜络填料 SBBR 处理生活污水的试验研究 [J]. 水处理技术，2012，38（2）：119-121.

[85] 于英翠，高大文，陶彧，等. 利用序批式生物膜反应器启动厌氧氨氧化研究 [J]. 中国环境科学，2012，32（5）：843-849.

[86] 金云霄，冯传平，丁大虎，等. 悬浮填料 SBBR 处理生活污水的运行工况优化研究 [J]. 中国给水排水，2010，26（3）：34-38.

[87] Martin K J，Nerenberg R. The membrane biofilm reactor（MBfR）for water and wastewater treatment：principles，applications，and recent developments [J]. Bioresource Technology，2012，122（10）：83-94.

[88] Dowing L S，Bibby K J，Esposito K，et al. Nitrogen removal from wastewater using a hybrid membrane-biofilm process：pilot-scale studies [J]. Water Environment Research A Research Publication of the Water Environment Federation，2010，82（3）：195.

[89]　White D M, Schnabel W. Treatment of Cyanide Waste in a Sequencing Batch Biofilm Reactor [J]. Water Research, 1998, 32 (1): 254-257.

[90]　闫飞, 左金龙, 李百慧, 等. SBBR 处理人工模拟猪场废水的试验研究 [J]. 哈尔滨商业大学学报 (自然科学版), 2012, 28 (6): 650-652.

[91]　王玉, 姚倩, 彭党聪, 等. 不同 C/N 值下 SBBR 中生物膜硝化特性研究 [J]. 中国给水排水, 2016, 32 (5): 23-27.

[92]　Xiao H, Yang P, Peng H, et al. Nitrogen removal from livestock and poultry breeding wastewaters using a novel sequencing batch biofilm reactor [J]. Water Science and Technology, 2010, 62 (11): 2599-2606.

[93]　Goh C P, Seng C E, Sujari A N, et al. Performance of sequencing batch biofilm and sequencing batch reactors in simultaneous p-nitrophenol and nitrogen removal [J]. Environ Technol, 2009, 30 (7): 725-736.

[94]　Lim J W, Seng C E, Lim P E, et al. Nitrogen removal in moving bed sequencing batch reactor using polyurethane foam cubes of various sizes as carrier materials [J]. Bioresource Technology, 2011, 102 (21): 9876-9883.

[95]　Zhang J, Zhou J, Han Y, et al. Start-up and bacterial communities of single-stage nitrogen removal using anammox and partial nitrition (SNAP) for treatment of high strength ammonia wastewater [J]. Bioresource Technology, 2014, 169 (5): 652-657.

[96]　Zhang Z, Chen S, Wu P, et al. Start-up of the Canon process from activated sludge under salt stress in a sequencing batch biofilm reactor (SBBR) [J]. Bioresource Technology, 2010, 101 (16): 6309-6314.

[97]　杨志, 张建兵, 张晓光, 等. SBBR 处理老龄化垃圾渗滤液硝化效能影响因素 [J]. 中国给水排水, 2014, 30 (9): 18-20.

[98]　Mohan S V, Rao N C, Prasad K K, et al. Bioaugmentation of an anaerobic sequencing batch biofilm reactor (AnSBBR) with immobilized sulphate reducing bacteria (SRB) for the treatment of sulphate bearing chemical wastewater [J]. Process Biochemistry, 2005, 40 (8): 2849-2857.

[99]　Cubas S A, Foresti E, Rodrigues J A, et al. Effect of impeller type and stirring frequency on the behavior of an AnSBBR in the treatment of low-strength wastewater [J]. Bioresource Technology, 2011, 102 (2): 889-893.

[100]　Kim D S, Jung N S, Park Y S. Characteristics of nitrogen and phosphorus

removal in SBR and SBBR with different ammonium loading rates [J]. Korean Journal of Chemical Engineering, 2008, 25 (4): 793-800.

[101] Di IaconiI C, Lopez A, Ramadori R, et al. Tannery Wastewater Treatment by Sequencing Batch Biofilm Reactor [J]. Environmental Science & Technology, 2003, 37 (14): 3199-3205.

[102] Hai R, He Y, Wang X, et al. Simultaneous removal of nitrogen and phosphorus from swine wastewater in a sequencing batch biofilm reactor [J]. Chinese Journal of Chemical Engineering, 2015, 23 (1): 303-308.

[103] 肖鸿, 樊明灏, 彭宏, 等. 处理畜禽废水的序批式生物膜反应器中的细菌多样性 [J]. 环境工程学报, 2012, 6 (7): 2333-2338.

[104] Smith R G, Wilderer P A. Treatment of Hazardous Landfill Leachate Using Sequencing Batch Reactors with Silicone Membrane Oxygenation [C]. Bell, J. M. 41st Indust Waste Conf. Purdue University, Chelsea, 1987: 272-282.

[105] 齐利华, 祖士卿, 邹宝华, 等. 二级SBBR预处理晚期垃圾渗滤液试验研究 [J]. 水处理技术, 2012, 38 (11): 94-98.

[106] Miao L, Wang S, Cao T, et al. Advanced nitrogen removal from landfill leachate via Anammox system based on Sequencing Biofilm Batch Reactor (SBBR): Effective protection of biofilm [J]. Bioresource Technology, 2016, 220: 8-16.

[107] Duan L, Li J, Shang K, et al. Enhanced biodegradability of coking wastewater by gas phase dielectric barrier discharge plasma [J]. Separation and Purification Technology, 2015, 154: 359-365.

[108] Sahariah B P, Anandkumar J, Chakraborty S. Treatment of coke oven wastewater in an anaerobic-anoxic-aerobic moving bed bioreactor system [J]. Desalination and Water Treatment, 2015, 57 (31): 14396-14402.

[109] 于晓丹, 杨云龙. 厌氧—SBBR工艺处理焦化废水的试验研究 [J]. 山西建筑, 2009, 35 (9): 182-183.

[110] 杨静超, 夏训峰, 席北斗, 等. 曝停比对两级SBBR处理猪场废水厌氧消化液的影响 [J]. 生态与农村环境学报, 2013, 29 (2): 248-252.

[111] 杨静超, 夏训峰, 黄占斌, 等. 两级序批式生物膜法对厌氧消化液的处理研究 [J]. 环境工程, 2013, 31 (4): 25-28.

[112] Di Iaconi C, Lopez A, Ramadori R, et al. Combined chemical and biologi-

cal degradation of tannery wastewater by a periodic submerged filter（SB-BR）[J]. Water Research，2002，36（9）：2205-2214.

[113] Arnold E，B Hm B，Wilderer P A. Application of activated sludge and biofilm sequencing batch reactor technology to treat reject water from sludge dewatering systems：A comparison [J]. Waterence & Technology，2000，41（1）：115-122.

[114] Ning Y F，Chen Y P，Shen Y，et al. A new approach for estimating aerobic-anaerobic biofilm structure in wastewater treatment via dissolved oxygen microdistribution [J]. Chemical Engineering Journal，2014，255（6）：171-177.

[115] 周律，李哿，Hangsik S，等. 污水生物处理中生物膜传质特性的研究进展 [J]. 环境科学学报，2011，31（8）：1580-1586.

[116] Persson F，Sultana R，Suarez M，et al. Structure and composition of biofilm communities in a moving bed biofilm reactor for nitritation-anammox at low temperatures [J]. Bioresource Technology，2014，154：267-273.

第2章
材料与方法

2.1 实验材料

2.1.1 运行装置

实验采用小试 SBBR 反应器，其主体由有机玻璃制成，呈圆柱形，内径 150mm，高 350mm，总容积为 6L，有效容积 5L。SBBR 反应器采用聚氨酯（Polyurethane，PU）海绵填料作为生物膜载体，填充比 45%，底部设有微孔曝气盘，连接气体流量计和空气压缩泵，并通过定时器控制反应曝气时间，底部侧壁加装推流泵以起到混合搅拌的作用。通过恒温棒控制反应器内水温 30℃±1℃，并设置 DO、ORP、pH 值在线监测系统，系统如图 2-1、图 2-2 所示。

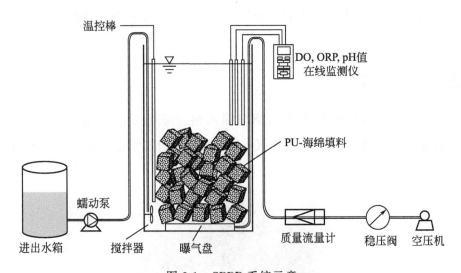

图 2-1 SBBR 系统示意

SBBR 一个周期采用进水-曝气反应-沉淀-排水运行方式，其中，进水 15min，出水 15min，曝气反应时间随 HRT 变化而改变，换水比为 1:3。

2.1.2 污泥接种

接种污泥取自山西某城市污水处理厂 SBR 工艺活性污泥（MLSS

图 2-2 PU-SBBR工艺装置图

浓度为 3100mg/L）。将取回的絮状污泥过滤，去除泥中杂质。将 1.5L 接种
污泥和废水混合泵入反应器静置 24h。待微生物接种到填料上后，曝气 8～
10h，再静置 14～16h，排出 0.5L 上清液，换新水，逐渐增加进水量并缩短
曝气时间，往复进行，直至达到反应运行阶段进水量及曝气量要求。

2.1.3 填料

本实验所选用填料为聚氨酯海绵填料（见图 2-3），该填料为高分
子聚氨酯生物填料，并经过氧气、氢气双重反应而成，孔径 2～7mm，
相互贯通，使整块填料可全方位附着微生物。

图 2-3 聚氨酯海绵填料

其相关参数见表 2-1。

表 2-1 PU-海绵填料参数

项目	单位	技术参数
材质		聚氨酯
规格(长×宽×高)	cm×cm×cm	2.5×2.5×2.5
比表面积	m^2/g	≥23.3
湿密度	kg/m^3	≈1000
空隙率	%	≥95
堆积密度	g/m^3	8000
生物负载量	g/L	16~38
填充率	%	45

2.1.4 实验用水

实验采用人工配水,COD、氮源及磷源分别由葡萄糖、NH_4Cl 及 KH_2PO_4 提供,实验中控制 N/P 比为 5:1,pH 值为 7.6 左右。添加碳酸氢钠用以补充硝化所需碱度。少量营养液投入模拟配水,以补充微生物所需微量元素。

具体配水方案见表 2-2、表 2-3。

表 2-2 模拟废水水质参数

水质指标	浓度/(mg/L)
NH_4^+-N	50~300
TP	10~60
微量元素	0.1mL/L

表 2-3 微量元素成分表

微量元素	含量/(g/L)
$CoCl_2 \cdot 6H_2O$	0.15
$MnSO_4$	0.12

续表

微量元素	含量/(g/L)
H_3BO_4	0.15
$NiCl_2 \cdot 6H_2O$	0.19
$ZnSO_4 \cdot 7H_2O$	0.12
$FeCl_3$	1.5
$CuSO_4$	0.03

2.1.5　实验所用试剂及仪器

（1）实验所用试剂

本实验中所需要主要化学试剂见表 2-4。

表 2-4　实验主要化学试剂一览表

化学试剂	纯度	产地
氯化铵	分析纯	天津市天力化学试剂有限公司
磷酸二氢钾	分析纯	天津市天力化学试剂有限公司
无水葡萄糖	分析纯	天津市凯通化学试剂有限公司
碳酸氢钠	分析纯	天津市风船化学试剂科技有限公司
磷酸二氢钠	分析纯	天津市大茂化学试剂厂
磷酸氢二钠	分析纯	天津市光复科技发展有限公司
氯化钴	分析纯	天津市光复科技发展有限公司
三氯化铁	分析纯	天津市天力化学试剂有限公司
硼酸	分析纯	天津市风船化学试剂科技有限公司
氯化镍	分析纯	天津市天力化学试剂有限公司
氯化钾	分析纯	天津市大茂化学试剂厂
氯化钠	分析纯	天津市光复科技发展有限公司
硫酸锌	分析纯	天津市天力化学试剂有限公司

续表

化学试剂	纯度	产地
硫酸铜	分析纯	天津市大茂化学试剂厂
磷酸三钠	分析纯	天津市光复科技发展有限公司
50%戊二醛	分析纯	天津市大茂化学试剂厂
无水乙醇	分析纯	天津市大茂化学试剂厂
乙酸异戊酯	分析纯	天津市大茂化学试剂厂
COD、NH_4^+-N、亚硝氮、硝氮试剂	—	美国 HACH 公司快速测试试剂

（2）实验所用仪器。

本实验中所需要的主要仪器见表 2-5。

表 2-5　实验所用主要仪器一览表

仪器设备	产品型号	生产商
pH 计	FE20	梅特勒-托利多仪器(上海)有限公司
DO 仪	YSI550A	美国 YSI 公司
电子天平	CP114	奥豪斯仪器(常州)有限公司
磁力搅拌器	78-1 型	常州润滑电器有限公司
空气压缩机	ACO-308 型	广东海利集团有限公司
气体流量计	LZB-3 型	余姚伟创流量仪表有限公司
金科德定时器	TW-K11	慈溪科德电器厂
蠕动泵	BT100-02 型	保定齐力恒流泵有限公司
多参数水质测量仪	WTW3420	德国 WTW 公司
水浴锅	YLJYE-100	北京科伟永兴仪器有限公司
水浴恒温振荡器	THZ-82A	江苏杰瑞尔电器有限公司
电热鼓风干燥箱	101-OAB	天津心雨仪器仪表有限公司
移液器	Proline 系列	百得实验室仪器有限公司

仪器设备	产品型号	生产商
COD 消解仪	DRB 200	美国 HACH(哈希)公司
分光光度计	DR 1900	美国 HACH(哈希)公司
场发射扫描电子显微镜	JSM-7001F	日本电子株式会社
原子力显微镜	Park NX10	韩国 Park Systems 公司
高速冷冻离心机	TGL18M	上海湘仪离心机仪器有限公司
冷冻干燥机	FD-1A-80	上海比朗仪器制造有限公司
三维荧光光谱仪	CARY Eclipse	美国 VARIAN(瓦里安)公司
傅里叶变换红外光谱仪	VERTEX 70	德国布鲁克公司
氧微电极测试系统	OX50	丹麦 Unisense 公司

2.2　分析方法

2.2.1　常规水质分析项目及方法

　　试验中反应期间溶解氧（DO）、pH 值及氧化还原电位（ORP）等参数采用多功能参数测量仪（德国 WTW3420）进行监测。COD、NH_4^+-N、硝氮、亚硝氮采用 HACH 试剂快速测定法。TN 浓度认为是 NH_4^+-N、硝氮和亚硝氮三者之和。

2.2.2　NH_4^+-N 负荷计算

　　进水 NH_4^+-N 负荷（NLR）由式(2-1)计算：

$$NLR = \frac{C(NH_4^+\text{-}N)_{进}}{HRT} \qquad (2\text{-}1)$$

式中　$C(NH_4^+\text{-}N)_{进}$——进水 NH_4^+-N 浓度，mg/L；

　　　　HRT——水力停留时间，h。

2.2.3 亚硝氮累积率计算

亚硝氮累积率（NAR）可由式（2-2）进行表征[1]：

$$NAR(\%) = \frac{C(NO_2^- \text{-}N)_{\text{出}}}{C(NO_2^- \text{-}N)_{\text{出}} + C(NO_3^- \text{-}N)_{\text{出}}} \times 100\% \qquad (2\text{-}2)$$

式中　$C(NO_2^- \text{-}N)_{\text{出}}$——出水 NO_2^--N 浓度，mg/L；

　　　$C(NO_3^- \text{-}N)_{\text{出}}$——出水 NO_3^--N 浓度，mg/L。

2.2.4 游离氨及游离亚硝酸盐浓度计算

游离氨浓度（FA）可根据下式进行计算[2]：

$$FA = \frac{17}{14} \times \frac{C(NH_4^+ \text{-}N) \times 10^{pH}}{\exp[6334/(273+T)] + 10^{pH}} \qquad (2\text{-}3)$$

式中　$C(NH_4^+ \text{-}N)$——NH_4^+-N 浓度，mg/L；

　　　T——反应器中液相温度，℃。

游离亚硝酸浓度（FNA）计算方法如下[2]：

$$FNA = \frac{46}{14} \times \frac{C(NO_2^- \text{-}N)}{\exp[-2300/(273+T)] \times 10^{pH}} \qquad (2\text{-}4)$$

式中　$C(NO_2^- \text{-}N)$——NO_2^--N 浓度，mg/L；

　　　T——反应器中液相温度，℃。

2.2.5 生物量的测定

SBBR 反应器内填料附着污泥量测定公式如下[3]：

$$G = [(G_1 - G_2)/N_{\text{取}}]N_{\text{总}} \qquad (2\text{-}5)$$

式中　G——附着污泥量（MLSS 计），mg/L；

　　G_1——悬浮填料烘箱105℃烘干2h，冷却后填料质量，g；

　　G_2——悬浮填料采用20%NaOH溶液浸泡后，加热煮沸，污泥
　　　　　完全脱落后的填料质量，g；

　　$N_{\text{取}}$——取出填料个数；

$N_总$——反应器内总填料个数。

2.2.6　SEM 分析

采用扫描电子显微镜（SEM）对 PU 填料及生物膜表面形貌进行观察。测试样品处理步骤如下[4]：

① 样品用 0.1mol/L 的磷酸缓冲液（pH＝7.4）冲洗 5min 后，在戊二醛（2.5％浓度）中硬化 12h；

② 再用磷酸缓冲液冲洗 2 次，每次 10min；

③ 分别用浓度为 30％、50％、70％、80％、90％、95％和 100％的乙醇溶液脱水；

④ 最后分别在浓度为 30％、50％、70％、80％、90％、95％、100％的乙酸异戊酯溶液中浸泡 15min。

处理好的样品经过冷冻干燥和镀膜之后，用扫描电子显微镜（JSM-7001F，日本）观察。

2.2.7　原子力显微镜分析

采用原子力显微镜对 PU 海绵填料进行观察。AFM 采用非接触扫描模式，探针为由硅制成的 SPM 探针，弹性系数 10～130N/m，最大扫描范围 50μm×50μm，共振频率为 204～497kHz。使用 AFM（Park NX10，韩国）自带 XEI 软件对 PU 海绵填料表面特性进行分析。

2.2.8　氧微电极分析

采用氧微电极（OX50，Unisense 公司，丹麦）对生物膜内部微环境进行测定，测定系统如图 2-4 所示。

测试时，为防止氧微电极尖端受到破坏，将生物填料从反应器中取出并浸没、固定于人工基质中，该基质同反应器内运行环境保持一致。氧微电极固定于可调节辅助装置上，使填料测试位置同氧微电极相垂直，通过粗调及微调螺旋杆对氧微电极高度进行调节，测定生物膜内氧微电极所产生的微电流信号。微电流信号通过皮安计（PA2000，Unisense，Denmark）记录，并进一步换算出溶解氧（DO）浓度。定义好氧区：DO>0.5mg/L，缺氧区：DO=0.1~0.5mg/L、厌氧区：DO<0.1mg/L。

图 2-4　氧微电极测定系统

2.2.9　生物膜胞外聚合物（EPS）分析

EPS 通常分为三部分，即 SEPS、LBEPS 和 TBEPS。

本实验中，在各阶段稳定期内取出一块填料放入烧杯中，加入蒸馏水，在振荡器中以 150r/min 条件下振荡 10min，使填料上的生物膜脱落于蒸馏水中，沉淀若干分钟后去掉上清液，即获得生物膜。

将生物膜倒入离心管后通过如下步骤提取 EPS[5]：

① 将获取的生物膜直接在 2000g 离心力下冷冻离心 15min，取上清液，通过 0.45μm 微滤膜过滤，获取 SEPS。

② 往离心管中加入缓冲液补充至原来体积，在 5000g 离心力下离心 15min，取上清液经 0.45μm 微滤膜过滤后得到 LBEPS，其中，缓冲液 pH 值为 7.0，其包含 1.3mmol/L Na_3PO_4、2.7mmol/L NaH_2PO_4、6mmol/L NaCl 及 0.7mmol/L KCl。

③ 在上步剩余污泥中继续添加缓冲液至原体积，在 60℃下水浴 30min，然后在离心力为 5000g 条件下，冷冻离心 20min，经 0.45μm 滤膜过滤，取上清液即为 TBEPS[6]。

傅里叶变换红外光谱（FT-IR）分析采用红外光谱仪（VERTEX 70 型，德国布鲁克公司）。具体操作步骤如下：将所获得的 EPS 放入培养皿中在－20℃冰箱冷冻过夜后，在冷冻干燥器中连续冷冻干燥约 12h，和 KBr 以质量比 1∶100 的比例研磨后压片，以空白样品建立光谱基线，进行红外光谱检测。实验参数为：扫描范围 4000～400cm^{-1}，检测分辨率 4cm^{-1}。用 ORIGIN 9.1 对所得到的数据进行作图、分析。

三维荧光分析采用三维荧光光谱仪（CARY Eclips 型，美国 VARIAN 公司）。参数为：激发波长（E_x）设置为 200～550nm，步长 2nm；发射波长（E_m）设置为 200～550nm，步长 5nm；扫描速度设置为 1200nm/min，狭缝宽度设置为 10nm；去离子水的光谱图为空白样。用 ORIGIN 9.1 对所得到的数据进行作图、分析。

2.2.10　微生物群落分析

为深入了解各反应阶段系统填料上微生物群落变化情况，在不同阶段稳定期选取生物填料，置于－20℃保存。

实验步骤如下：

① 采用 OMEGA 试剂盒对不同阶段生物膜填料样品进行基因组 DNA 提取，并用琼脂糖凝胶检测 DNA 完整性。

② 进行第一轮 PCR 扩增。采用引物 Miseq 测序平台的 V3-V4 通用引物：341F 引物——CCCTACACGACGCTCTTCCGATCTG（barcode）CCTACGGGNGGCWGCAG 及 805R 引物——GACTGGAGTTCCTTGGCACCCGAGAATTCCAGACTACHVGGGTATCTAATCC，并按照相应体系及扩增条件进行第一轮扩增（见表 2-6）。

③ 引入 Illumina 桥式 PCR 兼容引物，进行第二轮 PCR 扩增。PCR 体系及扩增条件如表 2-6 所列。

④ 将 DNA 进行纯化回收、定量混合后上机测序。测序完成后，将测序结果通过 barcode 区分样品序列，同时对各样本序列质量进行质量控制和过滤，对优质序列进行后续分类统计分析。

表 2-6 PCR 扩增体系及扩增条件

项目	扩增体系		扩增条件		
第一轮扩增	10×PCR buffer	5μL	94℃	3min	
	dNTP (10mmol/L 每个)	0.5μL	94℃	30s	
	Genomic DNA	10ng	45℃	20s	5个循环
	Bar-PCR Primer F(50μmol/L)	0.5μL	65℃	30s	
	Primer R (50μmol/L)	0.5μL	94℃	20s	
	Plantium Taq (5U/μL)	0.5μL	55℃	20s	20个循环
	H₂O	补至50μL	72℃	30s	
			72℃	5min	
			10℃		
第二轮扩增	10×PCR buffer	5μL	95℃	30s	
	dNTP(10mmol/L each)	0.5μL	95℃	15s	
	DNA	20ng	55℃	15s	5个循环
	primer F(50μmol/L)	0.5μL	72℃	30s	
	Primer R (50μmol/L)	0.5μL	72℃	5min	
	Plantium Taq(5U/μL)	0.5μL	10℃	—	
	H₂O	补至50μL			

⑤ 生物分类学分析：首先将序列按照彼此的相似性归为操作分类单元（OTU）。按照 97% 相似性对非重复序列（不含单序列）进行 OTU 聚类，采用 RDP classifier 贝叶斯算法对 97% 相似水平的 OTU 代表序列进行分类学分析，并分别在门、纲、目、科、属分类水平统计各样本的群落组成[7]。

⑥ 微生物多样性：微生物多样性采用 Shannon 和 Simpson 指数表征，Shannon 指数越高，群落多样性越高；Simpson 指数越低，群落多样性越高。计算公式如下：

$$H_{shannon} = -\sum_{i=1}^{S_{obs}} \frac{n_i}{N} \ln \frac{n_i}{N} \tag{2-6}$$

$$D_{simpson} = \frac{\sum_{i=1}^{S_{obs}} n_i(n_i-1)}{N(N-1)} \tag{2-7}$$

式中　$H_{shannon}$——Shannon 指数；

$D_{simpson}$——Simpson 指数；

S_{obs}——实际观测到的 OTU 数；

n_i——第 i 个 OTU 包含的序列数；

N——序列总数。

⑦ 聚类分析：为了解系统内各段微生物群落结构，采用 Illumina 高通量测序平台 MiSeq 测序仪（上海生工有限公司）对反应器各段微生物基因进行测序。将所有样本序列按照序列间的距离进行聚类，再根据序列之间的相似性将序列分成不同的操作分类单元（Operational taxonomic units，OTUs）。采用贝叶斯算法对 97% 的相似水平下的 OTUs 进行生物信息统计分析。在 OTUs 聚类结果的基础上，选择丰度最高的序列作为 OTUs 的代表性序列，进行各类的 OTUs 分析，并分别在门、纲、属分类水平上统计各样本菌群组成。

参考文献

[1]　Hajsardar M，Borghei S M，Hassani A H，et al. Optimization of wastewater partial nitrification in Sequencing Batch Biofilm Reactor（SBBR）at fixed do level [J]. Journal of Biodiversity and Environmental Sciences，2015，7（2）：189-197.

[2]　Ford D L，Churchwell R L，Kachtick J W. Comprehensive Analysis of Nitrification of Chemical Processing Wastewaters [J]. Journal of the Water Pollution Control Federation，1980，52（11）：2726-2746.

[3]　Lazarova V，Pierzo V，Fontvielle D，et al. Integrated Approach for Biofilm Characterisation and Biomass Activity Control [J]. Water Science & Technol-

ogy，1994，29：345-354.

[4] Wang T，Zhang H，Yang F，et al. Start-up of the Anammox process from the conventional activated sludge in a membrane bioreactor [J]. Bioresource Technology，2009，100（9）：2501-2506.

[5] Miao L，Wang S，Cao T，et al. Advanced nitrogen removal from landfill leachate via Anammox system based on Sequencing Biofilm Batch Reactor （SBBR）：Effective protection of biofilm [J]. Bioresource Technology，2016，220：8-16.

[6] Zhao L，She Z，Jin C，et al. Characteristics of extracellular polymeric substances from sludge and biofilm in a simultaneous nitrification and denitrification system under high salinity stress [J]. Bioprocess and Biosystems Engineering Eng，2016，39（9）：1375-1389.

[7] 赵文莉. 复合碳源填料深度反硝化脱氮特性研究 [D]. 北京：北京工业大学，2015.

第3章
SBBR系统处理高浓度含氮有机废水效能

3.1 SBBR 系统挂膜启动

3.1.1 NH_4^+-N 去除效果

系统采用逐步提高进水 NH_4^+-N 浓度的方式启动，共分为两个阶段，结果如图 3-1 所示。由图 3-1 可知，第一阶段进水 NH_4^+-N 浓度为 50mg/L，在启动前 3 个周期，出水 NH_4^+-N 有所升高，这是因为反应器中污泥接种于污水处理厂曝气阶段污泥，部分异养菌在利用有限的有机物后，菌体逐渐死亡并被分解、氨化，导致出水 NH_4^+-N 升高。从第 4 个周期开始，异氧菌被洗出，自养氨氧化菌逐渐成为优势菌种，出水 NH_4^+-N 开始呈现下降的趋势。10 个周期以后，出水 NH_4^+-N 稳步下

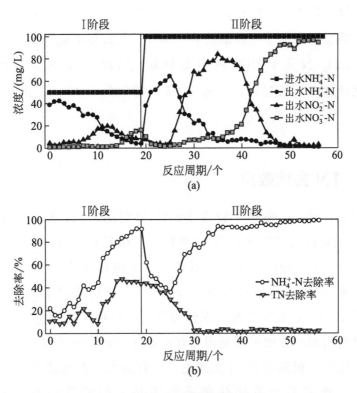

图 3-1 系统启动期间脱氮效果

降，说明微生物已逐步适应新环境，细菌进入减速增殖期后段或内源呼吸期，菌体得以相互黏结、凝聚，生物膜逐渐形成，经过 13 个周期左右的运行，NH_4^+-N 去除效率达到 70% 以上；至第 20 个周期时，出水 NH_4^+-N 稳定在 5mg/L，去除率达到 90% 以上。此后，提高进水 NH_4^+-N 浓度至 100mg/L，由于 NH_4^+-N 浓度的冲击作用，系统 NH_4^+-N 去除效率下降，出水 NH_4^+-N 浓度升高。又经过 10 个周期的运行，在第 29 个周期时，NH_4^+-N 去除率重新升高至 70%，标志着 PU-SBBR 系统成功启动，并在第 35 个周期时去除率达到 94% 以上。

在启动期的两个阶段，出水 NO_2^--N 及 NO_3^--N 显示出相同的变化趋势，即在反应初期均维持在较低的水平，而后 NO_2^--N 先上升后下降，NO_3^--N 在 NO_2^--N 下降的同时逐渐上升。其可能原因是在各阶段反应初期，氨氧化菌数量相对不足，活性较弱，只有部分 NH_4^+-N 得以降解。已降解的 NH_4^+-N 只转为 NH_2OH 等中间产物[1]。同时，氨氧化菌对 DO 的亲和力高于亚硝酸盐氧化菌[2]，使得氨氧化菌数量逐渐增多的同时，NO_2^--N 先于 NO_3^--N 开始积累；随着 NO_2^--N 大量积累，硝酸盐氧化菌逐步生长起来，NO_2^--N 从而转化为 NO_3^--N，出水 NO_3^--N 升高。

3.1.2　TN 去除效果

如图 3-1 所示，在第 I 阶段 1～11 个周期，TN 平均去除率仅为 10%。11 周期以后 TN 去除率逐步升高，最后稳定在 43% 左右，TN 去除负荷为 0.020kg/(m^3·d)。其中当反应进行到第 16 个周期时，亚硝氮累积率（Nitrite accumulation ratio，NAR）达到 72.2%，TN 去除率达到 47.4%，表明系统出现较为明显的短程同时硝化反硝化现象。这一现象的出现一方面可能是因为在进水无有机物的情况下一些微生物逐渐衰减死亡，根据死亡-再生理论[3]，衰减死亡的细胞会产生二次基质。这些二次基质为反硝化菌提供了必要的能源物质。此外，由 DPAOs 或 DGAOs 主导的反应也可在无外加碳源的情况下为反硝化菌提供碳源[4,5]。随着 NH_4^+-N 去除效果增强，反硝化菌的 H 受体硝态氮及亚硝态氮相应增加。这样，异养反硝化菌便能以这些能源及底物实现内源反硝化。

另一方面，随着生物膜的逐渐形成，受溶解氧扩散和底物传递限制的影响，从膜外到膜内依次形成了好氧、缺氧甚至厌氧的生物膜功能微区[6~8]。在反应器内曝气量较低且进水无有机物添加的情况下，为自养反硝化提供了可能：根据 NH_4^+-N 进行全程硝化的方程式(1-1)、式(1-2)，通过对这一时期化学计量数计算发现，除去 NH_4^+-N 的稀释作用，实际 NH_4^+-N 去除量为 13.7mg/L；若进行全程硝化，则此时相应生成硝氮浓度为 13.7mg/L，而出水硝氮仅为 5mg/L。在曝气量较低且进水未投加有机物的情况下，通过异养反硝化实现对硝氮的去除作用有限，从而使得通过上述自养反硝化实现 TN 去除成为可能。

当第 II 阶段提高 NH_4^+-N 浓度至 100mg/L 后，系统 TN 去除率下降，至第 10 个周期时，TN 去除率仅为 2.8%。这可能由于在进水无有机碳源的前提下，由微生物死亡所产生的碳源不足以满足提高 NH_4^+-N 浓度后的反硝化作用，使得系统因碳源的缺乏导致反硝化作用被抑制，TN 去除率降低。

3.2　SBBR 系统稳定运行

3.2.1　总体运行情况

在启动完成后，系统进入稳定运行期。稳定运行阶段保持反应器温度在 30℃，进水 pH 值维持在 7.6 左右。本实验连续运行了 140 个周期，根据运行条件的不同分为 R_1、R_2、R_3、R_4 四个反应阶段。

PU-SBBR 系统处理高氨低 C/N 废水不同阶段操作条件如表 3-1 所列。

表 3-1 PU-SBBR 系统处理高氨低 C/N 废水不同阶段操作条件

阶段	进水氨氮负荷 /[kg/(m³·d)]	进水 NH_4^+-N 浓度 /(mg/L)	C/N 值	曝气量 /(mL/min)	运行周期 /个
R_1	0.031~0.092	100~300	2	100	46
R_2	0.188	300	2	100~200	45
R_3	0.188	300	3	200	27
R_4	0.188	300	3	250~400	22

3.2.2 R_1 阶段反应器脱氮效果

3.2.2.1 NH_4^+-N 去除效果

R_1 阶段保持水力停留时间（HRT）为 73.3h，进水 NH_4^+-N 浓度从 100mg/L 逐步提高至 300mg/L。不同 NH_4^+-N 进水浓度、NH_4^+-N 出水浓度及其去除率如图 3-2 所示。

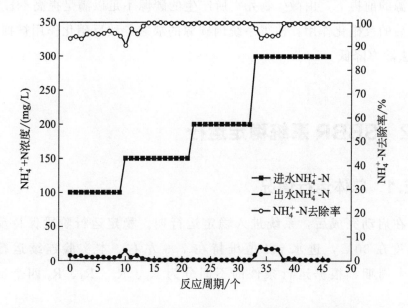

图 3-2 R_1 阶段 NH_4^+-N 进水、出水浓度及其去除率

从图 3-2 可以看出，在开始阶段，NH_4^+-N 浓度维持在较低水平，为 100mg/L。此时，出水平均 NH_4^+-N 浓度为 5.4mg/L，去除率为 94.6%。此后，将 NH_4^+-N 浓度提高至 150mg/L，由于 NH_4^+-N 浓度提高对反应器的冲击作用，NH_4^+-N 出水浓度有小幅上升，去除率从 94% 降低到 90.2%，经历了 2 个周期的短暂波动后，生物膜逐渐适应新的环境，NH_4^+-N 去除率不仅恢复至原先的水平，且相较进水 NH_4^+-N 浓度为 100mg/L 时有所升高，达到 99% 以上，出水基本检测不到 NH_4^+-N 浓度。这一波动现象在接下来的运行过程中也会有不同程度的发生。

由图 3-2 可以看出，在 HRT 为 73.3h，NH_4^+-N 浓度为 100mg/L 到 300mg/L 范围内时，NH_4^+-N 浓度的提高会使得 SBBR 系统的 NH_4^+-N 去除率在工况变化初期有所下降，但最终均能在短时间内恢复其高效的 NH_4^+-N 去除效能。同时，逐渐提高的 NH_4^+-N 浓度有助于 NH_4^+-N 去除率的提高，这一现象可能与生物膜内氧传质速率有关。Pellicer 等[9] 研究发现，NH_4^+-N 负荷的增加会显著提高溶解氧在生物膜内的传质速率，进而提高系统去除效率。本实验在水力停留时间相同的情况下，NH_4^+-N 浓度从 100mg/L 升高至 300mg/L 的同时相应 NH_4^+-N 负荷也从 0.031kg/(m^3·d) 升高到 0.092kg/(m^3·d)，这使得本实验生物膜内氧传质通量增加，硝化菌等好氧微生物能够充分吸收和利用水中 NH_4^+-N 快速生长，NH_4^+-N 去除率提高。此外，NH_4^+-N 去除率的升高同反应器内营养物质的多少也具有相关性。当进水 NH_4^+-N 浓度为 100mg/L 时，由于其 NH_4^+-N 负荷 [0.031kg/(m^3·d)] 过低，反应器内营养物质相对缺乏，加剧了硝化功能菌群同其他菌群对于营养物质的竞争，生物膜内脱氮功能菌群活性抑制，已有的部分菌群进入内源呼吸阶段，附着于填料上的生物膜逐渐老化、脱落，填料上的生物量无法增加，从而造成系统对 NH_4^+-N 的去除率处于相对较低的水平。

3.2.2.2 NO_x^--N 及 TN 去除效果

R_1 阶段 SBBR 系统中出水 NAR 的变化如图 3-3 (a) 所示。可以看出，当进水 NH_4^+-N 浓度为 100～300mg/L 时，出水 NO_3^--N 随着进水 NH_4^+-N 浓度的增加而增加。此阶段亚硝氮累积率小于 5%，没有形成亚硝氮累积。表明在此条件下，进入反应系统的 NH_4^+-N 负荷过低，使得亚硝酸盐氧化菌活性较高，系统进行全程硝化反硝化作用，废水中的 NH_4^+-N 全部转化为 NO_3^--N。

图 3-3（b）显示了 TN 去除率。结果显示，随着进水 NH_4^+-N 浓度的逐步增加，TN 去除负荷也呈逐渐上升的趋势，从 0.007kg/(m³·d) 升高至 0.035kg/(m³·d)，但 TN 去除率仅为 39% 左右。这可能是因为在 R_1 阶段中 C/N 值相对固定，NH_4^+-N 浓度增加的同时进水 COD 也同时增加，反硝化菌所需的底物基质增多，反硝化菌增长，使得 TN 去除负荷随 NH_4^+-N 浓度的增加而逐渐增加。同时，不同于连续流反应器空间上推流的运行方式，SBBR 采用基于时间上的完全混合推流方式，此阶段较低的 NH_4^+-N 负荷及较薄的生物膜，导致在反应后期

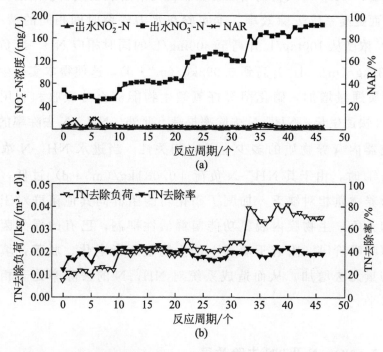

图 3-3 R_1 阶段出水 NO_2^--N、NO_3^--N、NAR 及 TN 去除率

SBBR 系统内溶解氧（DO）急剧升高，在生物膜内部未形成稳定的缺氧区，反硝化菌菌群吸附、存储碳源的功能无法有效发挥，反硝化菌体内硝酸盐还原酶的合成被抑制，水中碳源无法得到充分利用，阻碍了反硝化作用的有效进行[10]；进水 C/N 较低，反硝化菌所需的电子供体缺乏，反硝化菌菌群活性被抑制，这使得这一阶段的 TN 去除率相对较低。

3.2.2.3　COD 去除效果

本研究亦考察了 R_1 阶段 SBBR 系统对 COD 的去除率（见图 3-4）。

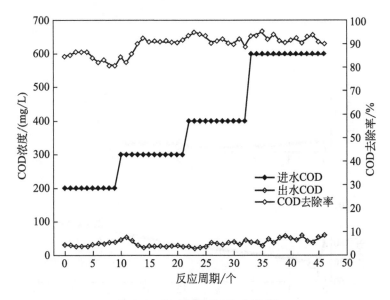

图 3-4　R_1 阶段 COD 去除率

由图 3-4 可以看出，在 C/N 比相同的情况下，不同进水浓度下的 COD 去除效果同 NH_4^+-N 去除率表现出较为一致的变化，在反应前 10d，COD 浓度处于较低的水平，COD 去除率仅为 83.8%；当 COD 浓度提高至 300mg/L 时，COD 去除率上升至 90% 左右，并在此后 COD 逐渐提高到 600mg/L 的过程中保持相对稳定。造成这一变化规律的原因可能同硝化菌一样，相应 COD 负荷的增加导致系统内反硝化异养菌受底物基质的刺激作用而不断增长，COD 去除效率增高并趋于稳定；同时，这也表明 SBBR 系统具有较强的 COD 去除能力。

3.2.2.4　典型周期内 pH 值、DO、ORP 参数变化

R₁ 阶段 SBBR 系统典型周期内 pH 值、DO、ORP 三参数变化情况如图 3-5 所示。

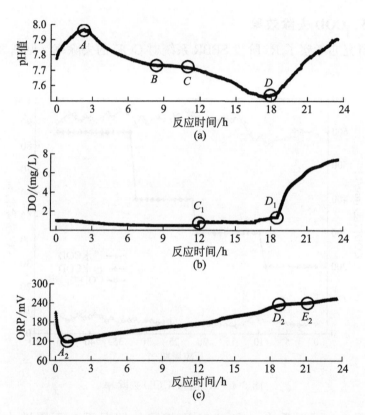

图 3-5　R₁ 阶段典型周期内 pH 值、DO、ORP 变化

由图 3-5（a）可知，pH 值在反应过程中出现 3 个特征区域，分别是拐点 A、BC 及拐点 D；图 3-5（b）显示 DO 有两个特征区域，即 C_1 点、D_1 点；而图 3-5（c）可以看到 ORP 出现三个特征区域，即 A_2 点、D_2 点及 E_2 点。其中 pH 值的 A_1 点同 ORP 的 A_2 点；pH 值的 C 点同 DO 的 C_1 点；pH 值的 D 点同 DO 的 D_1 点、ORP 的 D_2 点均表现

出反应过程的一致性。

在反应开始前3h，出现第一个特征点。pH值在 A 点前升高可能是因为以下几个原因：

① 异养菌等细菌大量吸附COD用于合成代谢，该作用会产生二氧化碳，而所产生二氧化碳会被不断吹脱，当 CO_2 的吹脱量大于其产生量时碳酸解离平衡破坏，反应器内pH值升高；

② 在开始阶段反硝化作用产生一定量的碱度；

③ 由于呼吸作用消耗的 H^+；

④ 水中可能含有少部分腐殖酸等有机酸，微生物在吸附利用水中有机物时减少了水中腐殖酸等有机酸的含量。

ORP的变化趋势同pH值相反，ORP在 A_2 点拐点之前有一个明显的下降，这是由于在该阶段COD被大量吸附所致。此时溶解氧一直处于下降趋势，这是由于异养细菌在合成代谢及硝化菌降解氨氮共同作用的结果。

而后可以观察到，pH值在 A、D 两拐点之间形成一个平台区域 BC。这有可能是因为反应器内微生物分解产生的腐殖酸、同化作用产生 CO_2 及硝化反应消耗的碱度同微生物吸收的有机酸量、吹脱的 CO_2 及反硝化产生的 OH^- 达到动态平衡。在pH值平台区域末期（C 点），DO出现一个微小的突越 C_1，这有可能由于前期COD被大量降解，水中COD转变为剩下难降解的部分，异养菌用于合成物质的COD大量减少，使得需氧量减少，同时水中仍有大量氨氮存在，硝化作用的进行依然需要消耗大量氧气，因此，溶解氧浓度上升的幅度并不是很大。此外，由于微生物一直通过降解COD对自身进行合成代谢，因此，ORP并没有出现相应的特征点。

pH值经过 C 点以后开始快速下降，这是由于硝化反应消耗碱度的结果。反应进行到第18h左右时，pH值出现明显的"拐点"，pH值从7.533突越至7.9。这个拐点即为"氨谷"，该点的出现标志着 NH_4^+-N已基本降解完全，亚硝化反应基本结束，亚硝酸盐氮开始向硝酸盐氮转化。与pH值相对应的是，由于 NH_4^+-N逐步降解完全，反应中的供氧量高于微生物的所需的耗氧量，反应器中溶解氧浓度在 D_1 处发生突越。与此同时，ORP 值在 D_2 点后经过短暂的平衡又开始出现上升趋势（E_2 点），这可能由于此阶段曝气过量，水中氧化态物质增多，使 ORP 升高。

R₁ 阶段典型周期内（NH_4^+-N、NO_2^--N、NO_3^--N、及 COD）变化如图 3-6 所示。

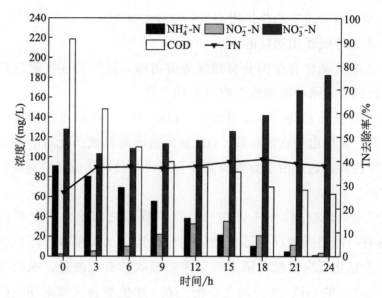

图 3-6　R₁ 阶段典型周期内 NH_4^+-N、NO_2^--N、NO_3^--N、COD 变化

在反应开始前，由于上一周期残留污染物的稀释作用，COD、NH_4^+-N、NO_2^--N 及 NO_3^--N 分别下降到 218.5mg/L、90.7mg/L、2mg/L、127.5mg/L。进一步分析发现，同三参数拐点 A 相对应，在反应前 3h COD 浓度快速下降，NH_4^+-N 及硝氮浓度有所降低，TN 去除率从 26.6% 升高至 37.3%。这是由于异养菌利用有机物合成代谢作用的结果。而后从 3h 至 15h，NH_4^+-N 在氨氧化菌作用下逐渐开始转化为 NO_2^--N，反应器中 NO_2^--N 浓度逐渐升高，而 NO_3^--N 浓度维持在 110mg/L 左右，在此阶段形成了 NO_2^--N 的累积；随着反应的继续进行，从 18h 后，出水 NO_2^--N 浓度开始减少，单位时间内亚硝氮的积累率随之大大下降，而硝氮浓度开始升高，表明由 NH_4^+-N 氧化的 NO_2^--N 开始逐步朝硝氮转化，这与 3 个参数中拐点 D 相对应。纵观整个周期

内 TN 变化，发现 TN 去除率从 6h 以后，并没有发生明显的变化，一直维持在 38.5% 左右，由于碳源不足，在此时期反应器内只发生了氮的相互转化，反硝化作用相对较弱。综上，根据典型周期内各时间段基质浓度的主要特征，推测 SBBR 的全程硝化反硝化实际是由三部分构成，即开始时的反硝化阶段、短程硝化阶段以及后期的全程硝化阶段。

进一步研究发现，前期短程硝化阶段的形成有可能是亚硝酸盐氧化菌活性被抑制的结果，而水中游离氨（Free ammonia，FA）浓度则是亚硝酸盐氧化菌被抑制的主要因素。诸多研究报道显示，相较于氨氧化菌，亚硝酸盐氧化菌对 FA 更加敏感，$0.1 \sim 1.0 \text{mg/L}$ 的 FA 浓度即会对亚硝酸盐氧化菌活性产生抑制作用[11]，是氨氧化菌抑制浓度的 $1/150$[11,12]。

图 3-7 给出了典型周期内 FA 浓度、亚硝酸盐累积率及硝酸盐累积率随反应时间的变化趋势，图 3-7 中负值表明该氮浓度减少。可以明显地观察到，FA 浓度随着反应的进行一直处于下降趋势，并且同硝酸盐氮的增长速率有着密切关系。在反应开始阶段（$0 \sim 3\text{h}$），FA 浓度为 5.97mg/L，$NO_3^- \text{-N}$ 增长速率为 -8.17mg/(L·h)，表明此时由于 FA 的抑制作用，系统反硝化作用大于硝化作用，$NO_3^- \text{-N}$ 浓度减少；亚硝酸盐氮累积速率为 1mg/(L·h)，说明亚硝氮浓度增加。此后，从 3h 到 12h，FA 浓度逐渐降低，但一直维持在 1.74mg/L 以上。此时，亚硝酸盐氮累积速率从 1.67mg/(L·h) 逐渐增加到 4mg/(L·h)，并保持相对稳定；硝氮的累积速率则稳定在 1.1mg/(L·h) 左右，说明该浓度的游离氨依然对亚硝酸氧化菌保持着较为明显的抑制效果。随着反应的进行，由于反应器内 $NH_4^+ \text{-N}$ 浓度及 pH 值的降低，FA 浓度也随之从 1.73mg/L 降到 0.73mg/L，FA 浓度的下降使得其对亚硝酸氧化菌的抑制作用减弱，$NO_3^- \text{-N}$ 累积速率开始升高，$NO_2^- \text{-N}$ 累积速率降低。在 15h 以后，水中 FA 浓度低于 0.5mg/L，较低的 FA 浓度无法抑制亚硝酸盐氧化菌的活性，使得水中 $NO_2^- \text{-N}$ 向 $NO_3^- \text{-N}$ 转化，反应开始逐渐进入全程硝化阶段，$NO_3^- \text{-N}$ 累积速率快速升高至 8.33mg/(L·h)，当反应进行到 21h 时用于转化为 $NO_3^- \text{-N}$ 的 $NO_2^- \text{-N}$ 浓度减少，$NO_2^- \text{-N}$ 消耗速率减弱，$NO_3^- \text{-N}$ 累积速率开始下降。综上可得，可通过控制曝气

反应时间，使 FA 对亚硝酸盐氧化菌活性保持持续抑制作用，让系统内形成亚硝氮累积，进而实现短程硝化反硝化工艺，提高反应器运行效能。

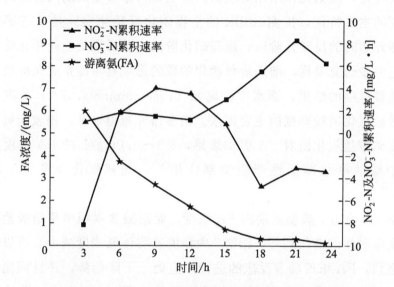

图 3-7　典型周期内 FA 浓度、亚硝酸盐累积率及硝酸盐累积率相关性

3.2.3　R_2 阶段反应器处理效果

3.2.3.1　NH_4^+-N 去除效果

R_2 阶段提高 NH_4^+-N 浓度至 300mg/L，并缩短 HRT，将 NH_4^+-N 负荷由 R_1 阶段末期的 0.092kg/(m^3 · d) 提高至 0.188kg/(m^3 · d)。由图 3-8 可见，随着 NH_4^+-N 负荷的提高，NH_4^+-N 出水浓度从 0 快速上升并稳定至 110mg/L 左右，相应 NH_4^+-N 去除率快速下降并保持在 65% 左右。这一变化过程可能由于在曝气量不变的前提下，NH_4^+-N 负荷的提高使得水力停留时间（HRT）较之前明显不足，水中 NH_4^+-N 尚未被微生物降解完全就开始下一个周期的运行；此外，区别于 R_1 阶段溶解氧在 18h 后会快速上升，此阶段 SBBR 系统内的溶解氧在一周期内始终维持在降低的水平，生物膜内氨氧化菌、亚硝酸盐氧化菌等硝化菌同异养菌的竞争加剧，氨氧化菌及亚硝酸氧化菌活性降低，生长被抑

制，无法有效进行代谢繁殖，从而使得出水 NH_4^+-N 浓度升高，去除率降低。为改善系统 NH_4^+-N 处理效果，逐步升高曝气量至 150mL/min 及至 200mL/min。考察反应器对高 NH_4^+-N 低 C/N 废水的处理效果。

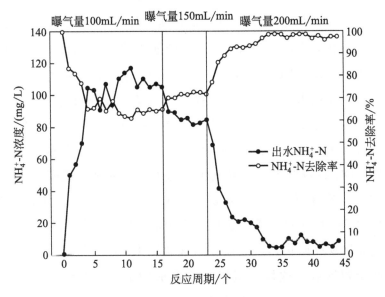

图 3-8 R_2 阶段 NH_4^+-N 去除率

由图 3-8 可以发现，提高曝气量对 SBBR 系统 NH_4^+-N 去除效果具有明显促进作用。当升高曝气量至 150mL/min，NH_4^+-N 去除率小幅提升，达到 75％左右，但出水 NH_4^+-N 浓度仍然较高，出水 NH_4^+-N 浓度为 84.5mg/L；进一步提升曝气量至 200mg/L，经过近 10 个周期的运行，出水 NH_4^+-N 浓度从 80mg/L 迅速降低至 9mg/L，NH_4^+-N 去除率提升至 97％以上，系统表现出对 NH_4^+-N 良好的去除效果，反应趋于稳定。这一变化过程可能是由于在提高曝气量后，反应器内溶解氧浓度升高，系统内废水相对于填料的流化状态更加明显，氧传质效率增加；生物膜同水中溶解氧得到更加有效的接触，使得生物膜内硝化菌活性增强。当曝气量为 200mL/min 时，其所产生的水流剪切力能够较好地将水体中的营养物质同生物膜交换，这种交换促进了生物膜表面更新换代，有利于 PU 填料表面生物膜大量积累，NH_4^+-N 去除率升高[13]。

3.2.3.2　NO_x^--N 及 TN 去除效果

R_2 阶段出水 NO_2^--N 及 NO_3^--N 浓度及亚硝酸盐累积率（NAR）变化情况如图 3-9（a）所示。

由图 3-9（a）可以看出，当 NH_4^+-N 负荷增加至 0.188 kg/（m^3·d）时，出水 NO_3^--N 浓度从 182.5mg/L 快速下降至 7.2mg/L。与此同时，出水 NO_2^--N 浓度升高至 30mg/L，亚硝酸盐累积率从小于 5％迅速升高至 80.64％，出水 NO_2^--N 超过 NO_3^--N 成为出水氮素的主要存在形式，反应系统表现出明显的亚硝酸盐累积现象。该现象的出现一方面是由于在高 NH_4^+-N 负荷下水中 FA 浓度较高（FA 浓度为 4.79mg/L），对亚硝酸盐氧化菌的活性保持持续抑制，反应器内氨氧化菌成为优势菌种；另外，DO 在较低水平时氨氧化菌的生长速率是亚硝酸盐氧化菌的 2.56 倍[14,15]。在系统曝气量保持不变时，由于 NH_4^+-N 负荷的增加，使得系统中 DO 量相对缺乏，扩散于水中的 DO 被氨氧化菌及异养菌优先用于氨氧化及反硝化作用，而亚硝酸盐氧化菌由于缺乏 O_2 作为 H 受体，活性受到抑制。这样，氨氧化所形成的 NO_2^--N 无法全部转化为 NO_3^--N，因此，在 NH_4^+-N 负荷为 0.188kg/（m^3·d）时系统出现了亚硝酸盐氮的累积及硝酸盐氮的减少。此后的运行过程中，逐步调整曝气量至 150mL/min 及至 200mL/min，当曝气量为 150mL/min 时，NO_2^--N 浓度维持恒定，NO_3^--N 较 100mL/min 时略微下降，但当曝气量继续升至 200mL/min 时，出水 NO_2^--N 浓度同 NH_4^+-N 浓度呈现良好的负相关性；随着出水 NH_4^+-N 浓度的迅速下降，出水 NO_2^--N 浓度迅速上升，而出水 NO_3^--N 浓度一直维持在较低的水平，表明亚硝酸氧化菌受到了不可逆的抑制作用。此外，亚硝酸盐氮累积率随着曝气量的增高而持续提高，并最终达到 92％左右，系统表现出较为稳定的亚硝氮累积现象。但系统并没有实现完全的亚硝氮累积，这可能是因为从微电极测试中发现（见 4.4.1 部分相关内容），生物膜分布不均，少部分亚硝酸盐氧化菌可摄取水中 DO，这就导致仍有少量的硝酸盐氮生成，亚硝酸盐累积率不能达到 100％。

R_2 阶段 TN 去除情况如图 3-9（b）所示。数据显示，当进水

NH_4^+-N 负荷增加到 0.188kg/($m^3 \cdot$ d) 时，TN 去除率较之前升高了 12.1%，达到 51.9%。其原因可能是因为反硝化菌不同于硝化菌，大部分反硝化菌是异养兼性厌氧菌。当 NH_4^+-N 负荷升高至 0.188kg/($m^3 \cdot$ d)，SBBR 反应周期内 DO 一直处于较低的水平，缺氧环境为反硝化菌提供了良好的生长环境，使得反硝化效果增强，TN 去除率升高。此后，随着 SBBR 系统中曝气量的逐步升高，出水 TN 浓度去除率也同时得到稳步提高，TN 去除率从开始的 51.9% 逐步升高并稳定在 65% 左右，结合 NO_2^--N 变化，表明系统中已经出现了较为稳定的短程硝化反硝化。

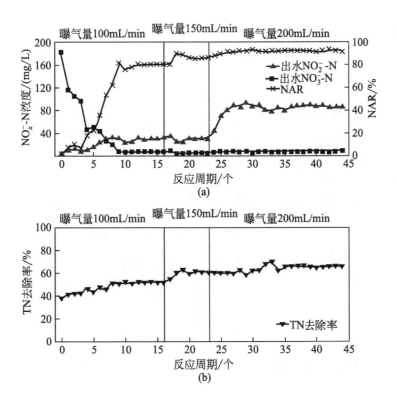

图 3-9　R_2 阶段出水 NO_2^--N、NO_3^--N 浓度、NAR 及 TN 去除率

　　稳定短程硝化反硝化的实现及 TN 去除率的逐步提高可能是由于以下几个原因：

① 提升 NH_4^+-N 负荷后，亚硝酸盐氧化菌活性被抑制是短程硝化反硝化稳定实现的关键；

② 由于亚硝酸盐氧化菌活性被抑制，反应器中大部分 NH_4^+-N 在降解到 NO_2^--N 水平时即被反硝化菌还原为氮气，反硝化所需要的流程及碳源相对较少，反硝化速率增加；

③ 随着曝气量的升高，冗余的生物膜得以脱落，附着在填料外层的生物膜的好氧层及厌氧层的分布更加合理；同时，曝气量的增大促进了营养物质在生物膜中的运输传递，这使得在生物膜内层反硝化菌能够较好地生长，因而 TN 去除率继续升高。

3.2.3.3 COD 去除效果

图 3-10 显示了 COD 去除率在 R_2 阶段的变化趋势。

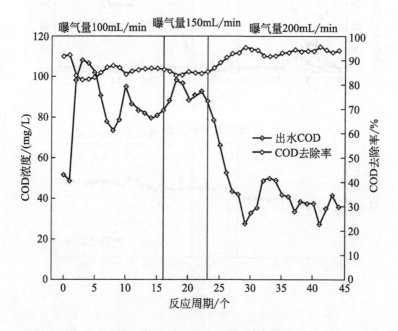

图 3-10　R_2 阶段 COD 去除率

数据显示，当 HRT 缩短至 37.33h 时系统 COD 负荷增大，因此在 R_2 阶段初期 COD 去除效果变差，出水 COD 升高至 106.57mg/L，随着 SBBR 系统的运行，出水 COD 浓度降低，COD 去除率为 86.54%。此后，随着曝气量的逐渐增加，COD 去除率也随之上升，从曝气量为 100mL/min 及 150mL/min 时的 85% 左右上升到 200mL/min 时的约 93%。这可能由于适度曝气量的增加使得 SBBR 反应器内氧转移效率提高，微生物新陈代谢增强，同时短程硝化反硝化的实现使得水中 COD 被反硝化菌更加充分地利用，导致 COD 去除率升高。

3.2.3.4 典型周期内 ORP、pH 值、DO 参数变化

图 3-11 及图 3-12 分别给出了 R_2 阶段反应器内 pH 值、DO、ORP 3 个参数及对应的 NH_4^+-N、NO_2^--N、NO_3^--N、TN、COD 在典型周期内的变化规律。

由图 3-11、图 3-12 可以看出，与 R_1 阶段全程硝化反硝化不同，在整个 R_2 反应阶段，ORP、pH 值仅出现一个拐点，即图中在反应经 3h 时的 A 点，此阶段 COD 被大量降解，NH_4^+-N 由于微生物同化作用出现少量损失，pH 值在这一阶段呈现上升的趋势，其原因同 R_1 阶段基本相同，在此不再赘述。而后，随着反应的进行，氮素之间的相互转化开始加剧，NH_4^+-N 开始快速降解，相应 NO_2^--N 快速增长，由于亚硝酸盐氧化菌被抑制，硝酸盐氮一直维持在 7mg/L。此时，COD 降解速率逐渐减慢，并在 8h 左右维持平衡，这可能由于在 8h 后生物膜在反应初期所存储的碳源在此时由于液相浓度较低而向液相扩散，并为反硝化提供碳源保证，这与张立秋等结论相一致[14]。与此同时，pH 值在经历了第一个拐点后，并没有出现平台区域，其可能的原因是随着 HRT 的缩短，硝化菌活性增强，反应中产生的碱度不足以补充硝化作用消耗的碱度。此外，由于反应器中的 NH_4^+-N 并未降解完全，因此不同于 R_1 阶段，pH 值在反应末期并没有出现第二个拐点。ORP 值显示，这一阶段 ORP 值持续上升，没有减缓的趋势，一方面由于反应器中微生物不断利用有机物合成细胞物质，使水中氧化态物质增加；另一方面，不同于 R_1 阶段，本阶段在反应末期仍有 NH_4^+-N 大量转化为 NO_2^--N 等氧化态物质，随着氧化态物质的增加，在反应周期中 ORP 也随之逐渐增加。在整个阶段，DO 并没有显示出突跃性质的爬升点或拐点，这是由

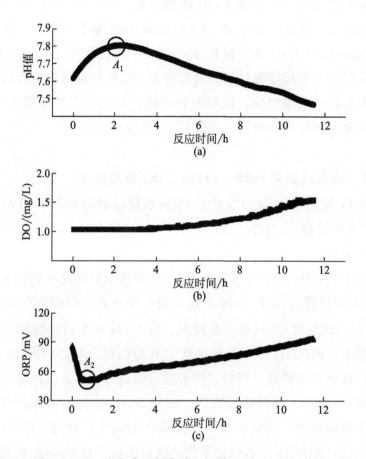

图 3-11 R_2 阶段典型周期内 pH 值、DO、ORP 变化

于反应器内的曝气充氧速率同消耗速率基本维持平衡，并由于 NH_4^+-N 的逐渐降解而使得耗氧速率减缓，使得溶解氧在后期呈现较快上升的趋势。

此外，由图 3-12 可以发现，不同于 R_1 阶段 TN 去除率的变化，R_2 阶段 TN 去除率在整个周期一直处于缓慢上升的趋势，周期结束时 TN 去除率为 62.1%，较反应开始提高 18.1%。这可能由于 R_2 阶段 SBBR 系统短程硝化反硝化作用明显。而短程硝化反硝化所需要的碳源较少，水中有机物可以得到较充分的利用，因此反硝化作用可在整个周期内进行，TN 去除率持续升高。

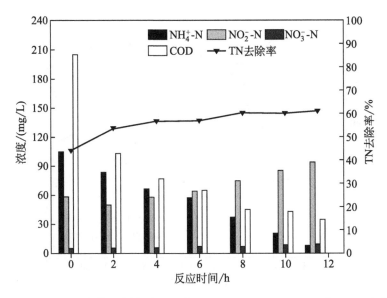

图 3-12 R_2 阶段典型周期内 NH_4^+-N、NO_2^--N、NO_3^--N 及 COD 变化

3.2.4 R_3 阶段反应器处理效果

3.2.4.1 NH_4^+-N 去除效果

在 R_3 阶段 C/N 值从 2 提高到 3，此时生物膜颜色逐渐转变为淡红色，初步推测系统内出现了厌氧氨氧化现象。这一阶段 NH_4^+-N 去除率变化如图 3-13 所示。

由图 3-13 可知，C/N 值的提高对 NH_4^+-N 去除率有较大影响。在前 10 个周期，出水 NH_4^+-N 浓度从开始时的 5mg/L 左右迅速增加到 54.4mg/L，NH_4^+-N 去除率也随之降低至 81.8%。这可能是由于 COD 的增加促进了异养菌的生长，与氨氧化菌对基质内氧气竞争加剧，使得氨氧化菌活性受到抑制。此后，随着反应的继续进行，生物膜内氨氧化菌逐渐适应新的环境，出水 NH_4^+-N 浓度降低到 35mg/L 左右，去除率缓慢提高，最高达到 90.7%。结合生物膜表观，推测这可能是由硝化菌、反硝化菌及厌氧氨氧化菌共同作用的结果，反应器内氮素去除的机理则通过对典型周期内氮素变化情况进一步分析。

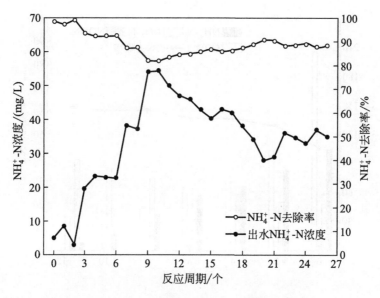

图 3-13　R_3 阶段 NH_4^+-N 去除率

3.2.4.2　NO_x^--N 及 TN 去除效果

NO_2^--N 及 NO_3^--N、NAR 和 TN 在 R_3 阶段去除率如图 3-14 所示。

反应期间，出水 NO_2^--N 及 NO_3^--N 浓度随着 C/N 的升高均有所下降，其中，NO_2^--N 的降幅较为明显，其浓度从 R_2 阶段 70～90mg/L 下降到 15mg/L 左右，但亚硝酸盐累积率依然维持在较高的水平，NAR 平均值达到 87.5%。进一步对 R_3 阶段内 TN 数据进行分析，发现当 C/N 比变为 3 后，经过近 27 个周期的运行，TN 去除率从 66% 左右上升至 85.6%，远高于 Fan 等[16] 在相同碳氮比条件下的 TN 去除率（4.5%）。结合 3.2.4.1 部分讨论结果认为，NO_2^--N 出水浓度的降低及 TN 去除率的提高可能是由于短程硝化反硝化与厌氧氨氧化协同作用的结果。进一步分析原因如下。

① 进水 C/N 比增加，生物膜内外有机物浓度梯度增大，有机物扩散速率加快，反硝化过程所需电子供体增多，系统反硝化作用增强，在 R_3 阶段前 10 个周期大量 NO_2^--N 通过反硝化作用去除。

② 由于亚硝酸盐氧化菌被抑制，系统在 R_2 阶段 NO_2^--N 积累得以实现，为 R_3 阶段厌氧氨氧化反应产生提供了前提。但诸多报道表明，

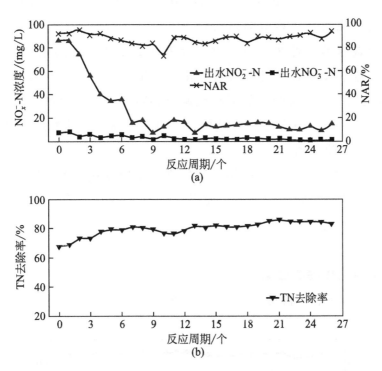

图 3-14 R_3 阶段 NO_2^--N、NO_3^--N、NAR 及 TN 去除率

NO_2^- 不仅可作为厌氧氨氧化菌的生长基质，同时 NO_2^- 又是毒物（解偶联剂），较高的 NO_2^- 将抑制厌氧氨氧化菌的生长。Strous 等[17] 报道表明，当水中 NO_2^--N 浓度达到 100mg/L 时，厌氧氨氧化作用即可被完全抑制。Fux 等[18] 发现，当反应器长期在 NO_2^--N 浓度为 40mg/L 运行时将会对厌氧氨氧化微生物造成不可逆的损害。同时，也有学者认为，游离亚硝酸（Free nitrous acid，FNA）是造成厌氧氨氧化抑制的主要因素，0.011mg/L 即为游离亚硝酸的半抑制浓度[19]。本实验中，在提高 C/N 值后，从第 11 周期开始，出水 NO_2^--N 的浓度稳定在 15mg/L，此时 FNA 值为 0.0017mg/L，NO_2^--N 浓度及 FNA 相较 R_2 阶段分别降低了 71mg/L 及 0.0096mg/L，较低 NO_2^--N 浓度使得其对反应器内对厌氧氨氧化菌的抑制作用减弱，反应器内逐渐形成了适合厌氧氨氧化反应的内部环境。

③ 微生物消耗 1mol 的葡萄糖，并将其转化为 3.5mol 的 CO_2（以

葡萄糖计)[20]，所产生的 CO_2 可为厌氧氨氧化菌提供无机碳源[21]。但 CO_2 也是硝化菌等自养型细菌的碳源，这就使得厌氧氨氧化菌同硝化菌因争夺碳源形成种间竞争，由于厌氧氨氧化菌较低的生长速率[22]，这种种间竞争关系必然对厌氧氨氧化菌产生不利影响。在实验中，将 COD 浓度提高后，所产生的无机碳源也相对增高，厌氧氨氧化菌同其他自养菌之间的竞争性也相对减弱，这也为系统内发生短程硝化-厌氧氨氧化作用提供了可能。

④ C/N 增加使得生物膜结构和生物量相应变化，生物膜内形成适宜厌氧氨氧化菌生长的微环境，使得短程硝化-反硝化-厌氧氨氧化协同反应能够顺利发生。

3.2.4.3　COD 去除效果

R_3 阶段 COD 去除效果如图 3-15 所示。

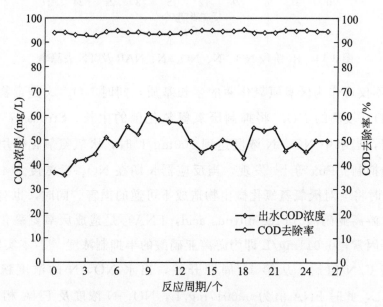

图 3-15　R_3 阶段 COD 去除效果

由图 3-15 可以看出，当 C/N 值提高至 3、进水 COD 为 900mg/L 时，COD 出水浓度从 37mg/L 略微上升到 45~50mg/L，去除率并没有明显变化，始终维持在 94% 左右。这可能由于在 C/N 值为 2 时，废水不能为异养菌提供充足的碳源，异养菌受有机电子供体的制约，活性较弱；当 C/N 值为 3 时，有机电子供体增加，异养菌生存环境改善，微生物活性增强，大量有机物被氧化，使得 COD 去除率保持相对稳定，这与李冬等[23] 研究结果相似。结合出水 TN 浓度可以发现，在这一条件下，反应器能够使氨氧化菌、亚硝酸盐氧化菌、厌氧氨氧化菌及反硝化菌得到很好的耦合共存，实现反应器内的短程硝化-厌氧氨氧化-反硝化同步耦合。

3.2.4.4　典型周期内 pH 值、DO 及 ORP 参数变化

图 3-16 是 R_3 阶段典型周期内 pH 值、DO 及 ORP 变化图。图 3-17 是 R_3 阶段典型周期内 NH_4^+-N、NO_2^--N、NO_3^--N 及 COD 变化示意图。

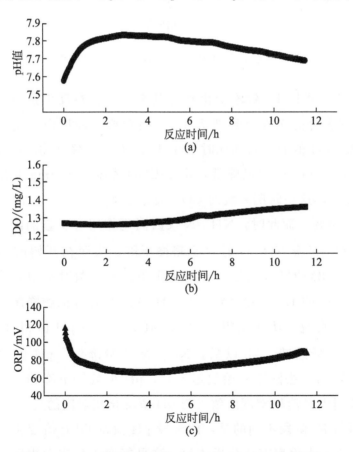

图 3-16　R_3 阶段典型周期内 pH 值、DO、ORP 变化

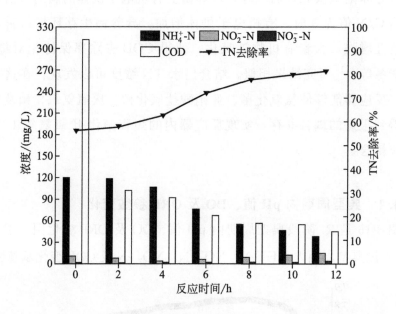

图 3-17　R_3 阶段典型周期内 NH_4^+-N、NO_2^--N、NO_3^--N 及 COD 变化

　　这 3 个参数同 R_2 阶段变化趋势基本一致。在反应进行到 2h 时，pH 值从进水时的 7.6 上升到 7.841。结合典型周期内底物浓度变化可以得知，pH 值的升高同此时正在进行 COD 降解有关。在反应开始前 2h，出水 COD 值明显降低，出水 COD 浓度从 305mg/L 迅速降低至 102mg/L，这一时期系统对 COD 去除率即达到 70%，占到总 COD 去除的 86.4%。而此时，NH_4^+-N 仅因同化作用有少量的降解，反应系统中 NO_2^--N 及 NO_3^--N 浓度也略微下降。表明在开始前 2h，系统主要进行 COD 的好氧氧化及反硝化作用。异养菌对水中底物进行氧化，其所产生的 H^+ 与 O_2 结合生成 H_2O 的同时有机物降解所生成的 CO_2 被不断吹脱，从而使得水中 pH 值上升。与 pH 值相对应的是，ORP 呈现下降趋势。2h 以后，NH_4^+-N 开始降解，pH 值出现"拐点"。此后，TN 去除率开始快速上升，pH 值处于下降趋势。这是由于硝化作用大量消耗碱度所致。与 pH 值变化相对应的是水中 ORP 值上升，但与 R_2 阶段不同的是，此阶段 pH 值及 ORP 值变化均较为缓慢，结合 TN 去除率变化分析认为，这可能由于反应器中厌氧氨氧化

及反硝化可分别通过消耗 H^+ 及产生 OH^- 使水中 pH 值上升，能够抵消一部分由硝化作用消耗的碱度。同时，NH_4^+-N 氧化所形成的氧化态相较反硝化及厌氧氨氧化所形成的还原性物质质量差别较小，因此，pH 值及 ORP 并没有呈现较高的斜率。观察 NO_2^--N 变化规律发现，此阶段中系统内 NO_2^--N 浓度在 4h 以后才开始升高，同第二周期比相对推后。这可能是由于该阶段反硝化及厌氧氨氧化共同作用的结果。4h 以后随着 NH_4^+-N 降解速率的加快，短程硝化的速率逐渐大于厌氧氨氧化及反硝化对 NO_2^--N 的去除速率，NO_2^--N 开始积累。此外，在反应期间，水中 DO 浓度随着反应的进行缓慢升高，并最终稳定在 1.3mg/L 左右。这是由于反应期间曝气量一定，随着反应的进行，COD、NH_4^+-N 等逐渐被降解，系统内 NH_4^+-N 浓度逐渐减少，所需要的溶解氧量也相对减少。

对典型周期内 NH_4^+-N 降解速率、NO_2^--N 生成速率及 NO_3^--N 生成速率进一步研究，并根据全程硝化反硝化方程式及短程硝化反硝化方程式 [式(1-3)、式(1-4)]的化学计量数进行计算。发现在反应前 2h，NH_4^+-N 降解速率仅为 0.85mg/(L·h)，COD 降解速率达到 105mg/(L·h)，在前 2h 结束时 COD 同 NH_4^+-N 比值达到 0.84，较低的 C/N 值不利于反硝化菌大量繁殖，反硝化菌对底物 NO_2^--N 摄取减弱，为厌氧氨氧化反应的进行提供了条件。在接下来进行的 2~11.5h 中，NH_4^+-N 的降解速率为 8.38mg/(L·h)，COD 降解速率为 5.789mg/(L·h)，根据化学计量式计算发现，此时若只进行短程硝化反硝化，则需要 COD 12.304mg/(L·h)，但此阶段 COD 的降解速率仅为 5.789mg/(L·h)，远远不足 12.304mg/(L·h) 的要求。若考虑全程硝化反硝化，则碳源不足的现象更加明显。因此，必然存在自养脱氮现象。然而，由于本研究的配水内加入自养反硝化菌所需的硫等底物极其微小，通过自养反硝化去除水中氮素的作用有限，这也为系统内发生短程硝化-厌氧氨氧化作用脱氮提供了侧面印证。但若只发生短程硝化-厌氧氨氧化作用，则其最大硝态氮生成速率所对应的 COD 消耗量仅为 2.48mg/(L·h)，小于实际 COD 降解速率。因此，推测此时氮素去除是短程硝化-反硝化及短程硝化-厌氧氨氧化协同作用的结果。为能更好地描述反应器中氮素去除的途径，结合典型周期内所体现的特征，根据化学计量方程式建立反应模型，如图 3-18 所示。

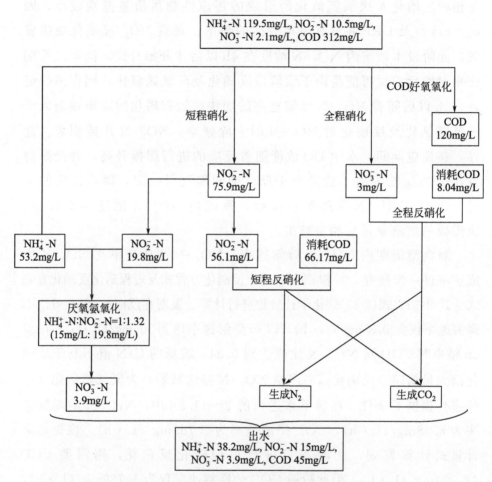

图 3-18　R₃ 阶段 SBBR 系统脱氮除碳模型

在此模型的建立中，基于以下几点假设：

① 根据反应方程式（1-5），厌氧氨氧化反应中所消耗的 NH_4^+-N、NO_2^--N 及生成的 NO_3^--N 的摩尔比为 1∶1.32∶0.26；

② 反应器中的有机碳源仅为进水时所加碳源，即葡萄糖；

③ 根据反应方程式（1-3）及式（1-4），在短程反硝化中，每消耗 1g NO_2^--N 需葡萄糖 1.61g，全程反硝化中，每消耗 1g NO_3^--N 需葡萄糖 2.68g；

④ 不考虑稀释作用对污染物的去除。

从模型中可以计算，53.6%的 TN 通过短程硝化-反硝化作用去除，而约 41.2% TN 通过短程硝化-厌氧氨氧化作用去除，只有 4%的 TN 通过全程硝化-反硝化去除；此外，在 COD 消耗的 267mg/L 中，约 71.9%的 COD 被好氧氧化降解，24.7%的 COD 用于 $NO_2^- -N$ 反硝化去除，3.01%的 COD 用于 $NO_3^- -N$ 的降解去除，剩余的少量 TN 及 COD 可能被其他异养微生物摄取利用。由上可见，本研究在 R_3 阶段同时实现了好氧 COD 去除、短程硝化、反硝化及厌氧氨氧化作用，是一种有别于传统短程脱氮的新型工艺，该工艺特点如下：

① 不同于其他研究成果中，基于厌氧氨氧化工艺的相关实验结果中 ANAMMOX 为系统总 TN 去除的主要途径[24,25]，在本研究中，短程硝化-反硝化作用对 TN 去除的贡献率更高。

② COD 并非只通过反硝化作用去除，系统绝大多数 COD（71.9%）在反应初始时即被好氧分解，为后续的短程硝化-厌氧氨氧化的发生提供了适宜的反应条件。

③ 对比相关研究报道（见表 1-3）可以看出，本研究进水 C/N 及系统内 DO 浓度均高于其他报道，同时由于好氧氧化-短程硝化反硝化-厌氧氨氧化作用的共存，使本实验相较其他研究实现了 $NH_4^+ -N$、TN 和 COD 在单一反应器内同步高效去除。

3.2.5 R_4 阶段反应器处理效果

3.2.5.1 $NH_4^+ -N$ 去除效果

R_4 阶段是在 R_3 阶段的基础上进一步增加曝气量，$NH_4^+ -N$ 去除率如图 3-19 所示。

数据显示，同 R_3 阶段提高曝气量时 $NH_4^+ -N$ 变化趋势不同，在这一阶段，随着曝气量的增加，出水 $NH_4^+ -N$ 浓度逐渐升高，从 R_3 阶段 200mL/min 时的 35mg/L 逐步上升至 400mL/min 时的 61mg/L；$NH_4^+ -N$ 去除率也随之降低，从开始的近 90%下降到 79.23%，反应器内生物填料所呈现的淡红色减弱。推测这一变化可能有 3 个方面原因：

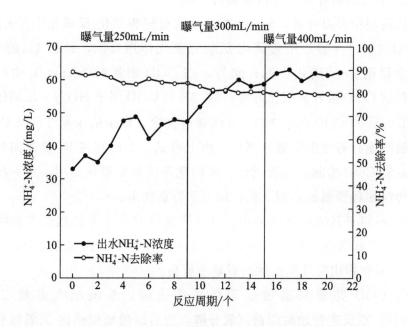

图 3-19　R_4 阶段 NH_4^+-N 去除率

① 当曝气量超过 200mL/min 时，曝气量所产生的水流剪切力超过了生物膜生长、发展的最佳值，新生的生物膜被较强的水流剪切力冲蚀、磨损，进而使系统 NH_4^+-N 去除率下降；

② 曝气量的增加，提高了反应器中的溶解氧浓度，为好氧异养菌的生长提供了较好的外部环境，因此好氧异养菌同硝化菌的竞争加剧，导致水中硝化菌活性受到抑制；

③ 曝气量增加所导致的较高溶解氧浓度对生物膜内原有好氧层及厌氧层体积比例产生了较大影响。

微电测试结果发现：当曝气量 400mL/min 时，好氧层所占比例逐渐增加，厌氧层逐渐减少，存在于厌氧层的厌氧氨氧化菌由于 DO 浓度的升高而逐渐被抑制，甚至无法生存，因 Anammox 菌作用所消耗的 NH_4^+-N 减少，导致 NH_4^+-N 出水浓度升高。但由于生物膜中氨氧化菌依然是 NH_4^+-N 降解的主体，所以 SBBR 系统中的 NH_4^+-N 去除率依然能够维持在 80% 左右。

3.2.5.2 NO$_x^-$-N 及 TN 去除效果

由图 3-20 可知，在这一阶段 NO$_2^-$-N 及 NO$_3^-$-N 并没有明显的变化，分别维持在 15mg/L 及 1.4mg/L 左右。亚硝酸累积率在 90% 左右，并保持稳定，系统并没有显示出因曝气量升高而使得硝态氮升高的迹象，表明亚硝酸盐氧化菌（NOB）活性依然受到抑制。继续观察 TN 去除率可以看出，相较 R$_3$ 阶段，随着曝气量的增高，TN 去除率逐渐下降。在曝气量分别为 250mL/min、300mL/min 及 400mL/min 时，R$_4$ 阶段 TN 去除率分别为 79.3%、75.3%、74.4%。这一方面可能由于曝气量的提高，好氧异养菌的活性增强使氨氧化菌受到抑制，NH$_4^+$-N 出水浓度升高导致 TN 去除率下降；另一方面，不断升高的曝气量导致反应器内液相 DO 浓度升高，较高的 DO 使生物膜内部难以形成足够的缺氧微环境，不仅对厌氧氨氧化菌的活性产生了抑制，同时不利于兼性反硝化进行，进而破坏了 R$_4$ 阶段所形成的好氧氧化-短程硝化反硝

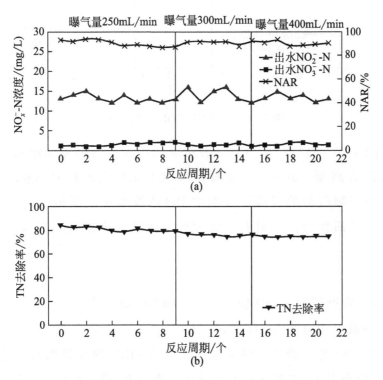

图 3-20　R$_4$ 阶段出水 NO$_2^-$-N、NO$_3^-$-N、NAR 及 TN 去除率

化-厌氧氨氧化的耦合作用,使得 TN 去除率不断下降。

3.2.5.3　COD 去除效果

R_4 阶段 COD 去除效果如图 3-21 所示。

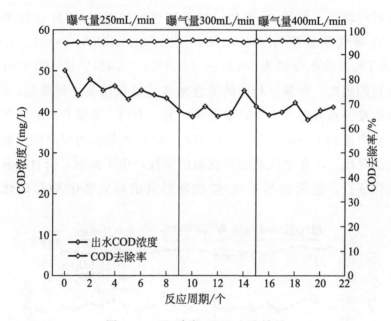

图 3-21　R_4 阶段 COD 去除效果

从图 3-21 可以看出,COD 去除率随曝气量的增加而增加,当曝气量逐渐升高至 400mL/min 时,出水 COD 下降至 40mg/L 左右。这可能由于曝气量的提高导致水中 DO 浓度增加,氧传质速率加大,好氧异养菌活性增强,对有机碳源好氧氧化速率加快,出水 COD 浓度降低。

3.2.5.4　典型周期内 pH 值、DO、ORP 参数变化

R_4 阶段典型周期内 pH 值、DO、ORP 变化如图 3-22 所示。

从图 3-22 可以看出,该阶段 pH 值及 ORP 的变化趋势与之前一致,但 pH 值及 ORP 的下降及上升的斜率较 R_3 阶段增大,表明反应过程中的硝化产物氧化氮 NO_x^--N 并未及时被还原。此外,系统内 DO 浓

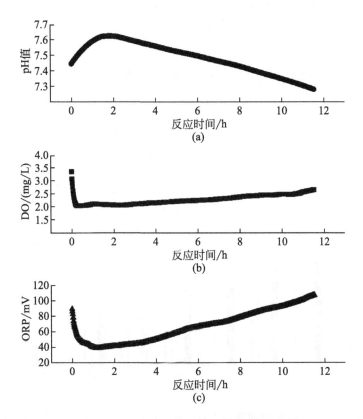

图 3-22 R₄ 阶段典型周期内 pH 值、DO、ORP 变化

度则由于过高的曝气量在反应初期下降趋势较之前明显减缓。系统中 DO 浓度维持在 2.5mg/L 左右，较高 DO 浓度使生物膜内好氧区及厌氧区比例发生变化，造成厌氧氨氧化现象减弱，由厌氧氨氧化所承担的 NH_4^+-N 去除量减少，NH_4^+-N 去除率降低，这同 3.2.5.1 部分中所做分析相一致。

观察三氮（NH_4^+-N、NO_2^--N、NO_3^--N）浓度变化可以发现（见图 3-23），不同于 R₃ 阶段，NH_4^+-N 在 R₄ 阶段的降解速率减缓。NO_2^--N 在 2～4h 并没有出现减少，而是从 2h 后即随着反应的进行逐渐增加，表明 2h 后 NH_4^+-N 转化为 NO_2^--N 的速率小于 NO_2^--N 的消耗速率。TN 去除率显示，在反应期间 TN 去除率缓慢增加，并没有同 R₃ 阶段出现较为明显的上升，NH_4^+-N、NO_2^--N 与 TN 这一变化趋势可能由于系统中异养菌的生长抑制了氨氧化菌及厌氧氨氧化菌活性的结果。此外，由于好氧反应增强，COD 浓度在前 4h 即达到一个稳定的范围。虽然 C/N 值在 2h 时即小于 1，满足了厌氧氨氧化所需 C/N 值条件，但由于较高的 DO 浓度使得系统中 TN 去除率降低。

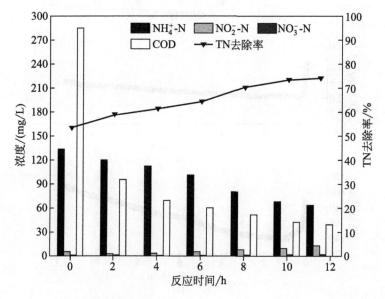

图 3-23　R_4 阶段典型周期内 NH_4^+-N、NO_2^--N、NO_3^--N 及 COD 变化

3.2.6　SBBR 处理高浓度含氮有机废水影响因素

3.2.6.1　进水负荷

进水氨氮负荷对 NH_4^+-N 及 TN 去除率的影响见图 3-24。从图 3-24 可以看出，NH_4^+-N 负荷在 $0.031 \sim 0.092$ kg/($m^3 \cdot$ d) 范围内时，NH_4^+-N 去除率随着 NH_4^+-N 负荷的升高而升高并稳定在 99% 以上。此时 TN 去除率维持在 39.8% 左右。当进一步升高 NH_4^+-N 负荷至 0.188kg/($m^3 \cdot$ d) 时，NH_4^+-N 去除率从 99% 下降至平均 91.5%，但在该负荷下，由于系统内形成好氧氧化-短程硝化反硝化及厌氧氨氧化的有机耦合，TN 去除率从约 39% 迅速升高至 84%，达到最高值。

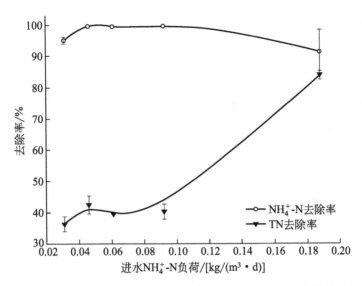

图 3-24　进水氨氮负荷对 NH_4^+-N 及 TN 去除率的影响

进水 COD 负荷对 COD 去除率的影响如图 3-25 所示。由图 3-25 可知，当 COD 为 $0.061kg/(m^3 \cdot d)$，COD 去除率仅为 83.9%，随着 COD 负荷的提高，COD 去除率相应增加，在 COD 负荷为 $0.563kg/(m^3 \cdot d)$ 时 COD 去除率达到 93.9%。这表明当 COD 负荷在 $0.0613\sim 0.563kg/(m^3 \cdot d)$ 范围内时，进水 COD 负荷的增加对 COD 去除率有促进作用，较低的 COD 负荷不利于系统对 COD 的有效去除。

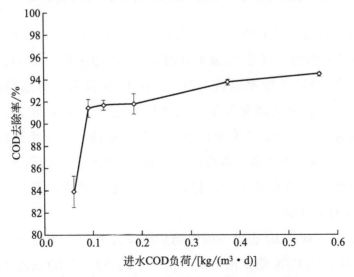

图 3-25　进水 COD 负荷对 COD 去除率的影响

3.2.6.2 C/N

不同 C/N 对 NH_4^+-N 及 TN 去除率的影响如图 3-26 所示，在 C/N 值为 0、1、1.5 及 2 时，NH_4^+-N 去除率受 C/N 比影响较小，NH_4^+-N 去除率维持在 97％以上；当继续提高 C/N 值至 3 时，NH_4^+-N 去除率略微下降至最高 90.7％。

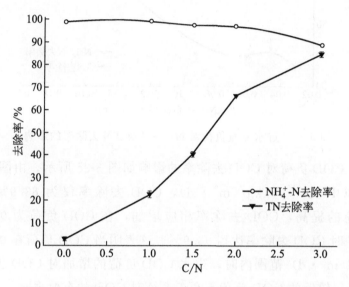

图 3-26　不同 C/N 比对 NH_4^+-N 及 TN 去除率的影响

图 3-26 亦显示了 C/N 与 TN 去除率的关系，C/N 的增加对 TN 去除率影响较为明显。当 C/N 值为 0 时，TN 去除率仅为 2.74％；随着 C/N 的升高，TN 去除率迅速上升，并在 C/N 值为 3 时达到最高值，为 85.6％。这表明反硝化作用较硝化作用受 C/N 影响较大，较低的 C/N 无法为反硝化菌提供充足的电子供体，阻碍了系统反硝化作用的有效进行，致使 TN 去除率偏低。然而通过曲线趋势可以预测，较高的 C/N 会使得异养菌大量生长，抑制自养硝化菌活性，不利于系统中 NH_4^+-N 的有效降解。

进水 C/N 对 COD 去除率的影响如图 3-27 所示。由图 3-27 可知在本实验所研究的 C/N 值范围内（1、1.5、2、3），COD 去除率随 C/N 的升高而有所升高，当 C/N 值为 1 时，系统内碳源缺乏，异养菌活性被抑制，系统中 COD 去除率仅为 78.92%，随着 C/N 值逐渐增加至 3，由于碳源增加，异养菌及反硝化菌活性增强，COD 去除率逐渐提高至 94%并趋于稳定。这一现象同 Fan 等[16] 研究一致。此外，在 C/N 值为 3 时，由于异养菌活性增强，使得 C/N 能够在反应前两个小时即降至 0.8 以下，从而在系统内出现短程硝化-反硝化-厌氧氨氧化现象。结合 C/N 对 NH_4^+-N 及 TN 去除效果综合分析认为：C/N=3 是 PU-SB-BR 系统处理对高氮有机废水最佳 C/N 值。

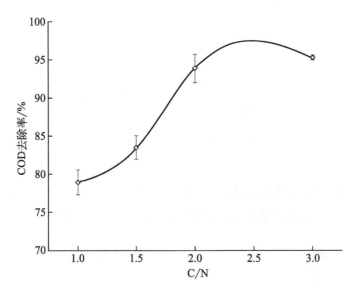

图 3-27　进水 C/N 对 COD 去除率的影响

3.2.6.3　曝气量

图 3-28 显示了不同曝气量对 NH_4^+-N 及 TN 去除率的影响。

由图 3-28 可知，NH_4^+-N 去除率同 TN 去除率变化趋势有较好的一致性。当曝气量为 100～150mL/min 时，系统硝化作用不完全，NH_4^+-N 去除率小于 80%，TN 去除率小于 65%。随着曝气量的增加，NH_4^+-N 去除率及 TN 去除率均逐渐增加，在曝气量为 200mL/min 时 NH_4^+-N 去除率及 TN 去除率达到最高值，均值分别为 91.5% 及 84%。当继续提高曝气量至 400mL/min 时，系统内 DO 浓度升高，较高的 DO 不利于生物膜内稳定缺氧和厌氧区的形

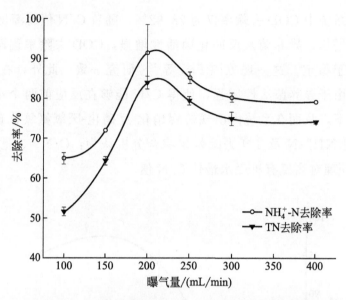

图 3-28 不同曝气量对 NH_4^+-N 及 TN 去除率的影响

成，致使 SBBR 系统中厌氧氨氧化及反硝化作用减弱，NH_4^+-N 及 TN 去除率下降。

COD 随曝气量的变化趋势如图 3-29 所示，可见，当曝气量为 100～150mL/min 时不利于系统对 COD 的降解，当曝气量大于 200mL/min

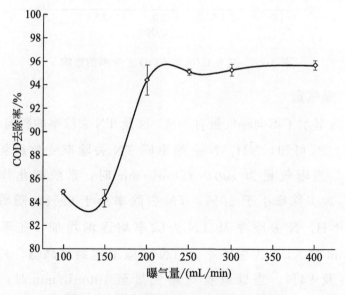

图 3-29 曝气量对 COD 去除率的影响

时 COD 去除率可达到并稳定在 94% 以上。结合 NH_4^+-N 及 TN 去除效果发现，当曝气量为 250～400mL/min 时会加剧系统中异养微生物、硝化菌及厌氧氨氧化菌对水中基质的竞争，不利于系统 NH_4^+-N 及 TN 的去除。因此，综合分析认为 SBBR 处理高氨氮有机废水的最佳曝气量为 200mL/min。

3.3 本章小结

① SBBR 系统经过采用逐步提高进水 NH_4^+-N 浓度的方式启动反应器，经过 29 个周期的运行，系统 NH_4^+-N 去除率大于 70%，系统启动完成，进入稳定运行期。

② R_1 阶段维持 HRT 为 73.3h，NH_4^+-N 浓度为 100～300mg/L，NH_4^+-N 去除率达到 95% 以上，TN 去除率为 39%，亚硝氮累积率小于 5%，系统为全程硝化反硝化阶段。典型周期内数据表明，SBBR 在全程硝化反硝化过程中可分为反硝化、短程硝化、全程硝化 3 个阶段，FA 是抑制硝化菌活性的主要原因。

③ R_2 阶段提高 NH_4^+-N 负荷后 SBBR 系统 NH_4^+-N 去除率为 65%，亚硝氮累积率为 80.6%，TN 去除率为 51.9%，出现了短程硝化反硝化现象，并随着曝气量的增加，NH_4^+-N 去除率及亚硝氮累积率均有所提高，当曝气量达到 200mg/L 时平均 NH_4^+-N 去除率、亚硝氮累积率、TN 去除率及 COD 去除率分别为 98%、92%、65% 以及 93%。

④ R_3 阶段提高 C/N 值至 3，NH_4^+-N 去除率为 89.7%，亚硝氮累积率为 87.5%，TN 去除率进一步提高，达到 84.6%，通过氮平衡和化学计量学推算：反应器内出现好氧氧化-短程硝化反硝化耦合厌氧氨氧化现象，分析认为碳源提高使得反应器内亚硝酸盐浓度降低，对厌氧氨氧化菌抑制作用减弱、厌氧氨氧化菌所需的 CO_2 碳源增加是出现厌氧氨氧化现象的原因。对典型周期内数据分析、建模后认为：在此阶段中，系统中 COD 的好氧氧化、短程硝化-厌氧氨氧化、短程反硝化、NO_3^--N 反硝化是系统内 COD 及氮素去除的主要途径。

⑤ 继续提高曝气量，R_4 阶段 NH_4^+-N 去除率从 89％以上降低至 79.23％，TN 去除率从 84.6％降低到 74.4％，这可能是由于 DO 升高破坏了系统内好氧氧化-短程硝化-反硝化-厌氧氨氧化有机耦合的结果。

⑥ 当 C/N 值为 3、进水 NH_4^+-N 负荷为 0.188kg/(m^3 • d)、COD 负荷为 0.563kg/(m^3 • d)，曝气量为 200mL/min 时，SBBR 系统处理高 NH_4^+-N 低 C/N 废水氨氮能够实现好氧氧化-短程硝化反硝化耦合厌氧氨氧化工艺，此时 NH_4^+-N 最高去除率 90.7％，COD 去除率 95％，TN 去除率最高达 85.6％。

参考文献

[1] Wrage N，Velthof G L，VAN BEUSICHEM M L，et al. Role of nitrifier denitrification in the production of nitrous oxide [J]. Soil Biology and Biochemistry，2001，33 (12-13)：1723-1732.

[2] Bernet N，Dangcong P，Delgen S J-P，et al. Nitrification at Low Oxygen Concentration in Biofilm Reactor [J]. Journal of Environmental Engineering，2001，127 (3)：266-271.

[3] Bradl H B. Vertical barriers with increased sorption capacities [J]. 1997.

[4] Wang X，Wang S，Xue T，et al. Treating low carbon/nitrogen (C/N) wastewater in simultaneous nitrification-endogenous denitrification and phosphorous removal (SNDPR) systems by strengthening anaerobic intracellular carbon storage [J]. Water Research，2015，77：191-200.

[5] Zeng R J，Lemaire R，Yuan Z，et al. Simultaneous nitrification, denitrification, and phosphorus removal in a lab-scale sequencing batch reactor [J]. Biotechnology and Bioengineering，2003，84 (2)：170-178.

[6] Van Hulle S W H，Vandeweyer H J P，Meesschaert B D，et al. Engineering aspects and practical application of autotrophic nitrogen removal from nitrogen rich streams [J]. Chemical Engineering Journal，2010，162 (1)：1-20.

[7] Ning Y F, Chen Y P, Shen Y, et al. A new approach for estimating aerobic-anaerobic biofilm structure in wastewater treatment via dissolved oxygen microdistribution [J]. Chemical Engineering Journal, 2014, 255 (6): 171-177.

[8] Zhang L. Molecular diversity of bacterial community of dye wastewater in an anaerobic sequencing batch reactor [J]. African Journal of Microbiology Research, 2012, 6 (35): 6444-6453.

[9] Pellicer N Cher C, Domingo F Lez C, Lackner S, et al. Microbial activity catalyzes oxygen transfer in membrane-aerated nitritating biofilm reactors [J]. Journal of Membrane Science, 2013, 446: 465-471.

[10] Chakraborty S, Veeramani H. Effect of HRT and recycle ratio on removal of cyanide, phenol, thiocyanate and ammonia in an anaerobic-anoxic-aerobic continuous system [J]. Process Biochemistry, 2006, 41 (1): 96-105.

[11] Anthonisen A C, Loehr R C, Prakasam T B S, et al. Inhibition of Nitrification by Ammonia and Nitrous Acid [J]. Journal Water Pollution Control Federation, 1976, 48 (5): 835-852.

[12] Qiao S, Kawakubo Y, Koyama T, et al. Partial nitritation of raw anaerobic sludge digester liquor by swim-bed and swim-bed activated sludge processes and comparison of their sludge characteristics [J]. Journal of Bioscience and Bioengineering, 2008, 106 (5): 433-441.

[13] Manuel C M, Nunes O C, Melo L F. Dynamics of drinking water biofilm in flow/non-flow conditions [J]. Water Research, 2007, 41 (3): 551-562.

[14] 张立秋, 张可方, 张朝升, 等. DO 对亚硝酸型 SND 的影响 [J]. 水处理技术, 2008, 34 (8): 29-33.

[15] Chuang H P, Ohashi A, Imachi H, et al. Effective partial nitrification to nitrite by down-flow hanging sponge reactor under limited oxygen condition [J]. Water Research, 2007, 41 (2): 295-302.

[16] Fan X, Li H Q, Yang P, et al. Effect of C/N ratio and aeration rate on performance of internal cycle MBR with synthetic wastewater [J]. Desalination and Water Treatment, 2014, 54 (3): 573-580.

[17] Strous M, Fuerst J A, Kramer E H, et al. Missing lithotroph identified as

new planctomycete [J]. Nature, 1999, 400 (6743): 446-449.

[18]　Fux C. Biological nitrogen elimination of ammonium-rich sludge digester liquids [J]. PhD Thesis, ETH-Zürich, Switzerland, 2003.

[19]　Fernandez I, Dosta J, Fajardo C, et al. Short-and long-term effects of ammonium and nitrite on the Anammox process [J]. Journal of Environmental Management, 2012, 95: S170-S174.

[20]　Mateju V, Čizinsk S, Krejc J, et al. Biological water denitrification—A review [J]. Enzyme and Microbial Technology, 1992, 14 (3): 170-183.

[21]　周少奇. 厌氧氨氧化与反硝化协同作用化学计量学分析 [J]. 华南理工大学学报 (自然科学版), 2006, 34 (5): 1-4.

[22]　Strous M, Heijnen J J, Kuenen J G, et al. The sequencing batch reactor as a powerful tool for the study of slowly growing anaerobic ammonium-oxidizing microorganisms [J]. Applied Microbiology and Biotechnology, 1998, 50 (5): 589-596.

[23]　李冬, 何永平, 张肖静, 等. 有机碳源对 SNAD 工艺脱氮性能及微生物种群结构的影响 [J]. 哈尔滨工业大学学报, 2016, 48 (2): 68-75.

[24]　Lan C J, Kumar M, Wang C C, et al. Development of simultaneous partial nitrification, anammox and denitrification (SNAD) process in a sequential batch reactor [J]. Bioresource Technology, 2011, 102 (9): 5514-5519.

[25]　Wang G, Xu X, Gong Z, et al. Study of simultaneous partial nitrification, ANAMMOX and denitrification (SNAD) process in an intermittent aeration membrane bioreactor [J]. Process Biochemistry, 2016, 51 (5): 632-641.

第4章
SBBR反应器生物膜微环境特性

从微环境角度看，生物膜形貌、胞外聚合物及生物膜内功能微区的分布等对反应处理效果均具有重要影响[1,2]。由于水、气流剪切和微生物自身代谢作用，生物膜会随着时间发生脱落和更新，使得原有功能微区发生动态变化和更替。生物膜胞外聚合物（EPS）是生物膜的重要组成部分，使生物膜能够抵抗外部环境的冲击。填料附着的生物膜生长到一定厚度，受溶解氧扩散和底物传递限制的影响，产生氧梯度，从膜外到膜内依次形成了好氧、缺氧甚至厌氧的生物膜功能微区[1]，这些生物膜功能微区的比例影响着系统的处理效率。然而，目前针对 SBBR 系统处理高 NH_4^+-N 低 C/N 废水的微环境特性研究尚不深入。本研究通过扫描电子显微镜、原子力显微镜及红外光谱对 PU-海绵填料特性进行研究。采用多种表征技术对不同阶段生物膜微环境进行探究，考察生物膜形貌、生物膜胞外聚合物变化特征以及生物膜内部功能微区特性与系统处理效果关联性，以期从微环境角度为 SBBR 高效处理高浓度含氮有机废水提供理论依据及科学支撑。

4.1　聚氨酯海绵填料特性

聚氨酯（PU）海绵填料的扫描电镜（Scanning electron microscopy，SEM）照片及原子力显微镜（Atomic force microscopy，AFM）形貌照片如书后彩图 3、彩图 4 所示。

由彩图 3、彩图 4 可以看出填料呈多孔网状结构，根据填料参数，其所形成的孔直径为 2~7mm，孔隙率高达 90% 以上，这使得填料表面及内部空隙共同为生物膜的快速形成提供了较大的表面积和稳定的环境。此外，聚氨酯填料所形成的多孔网状构造不仅使填料拥有更高的孔隙率，而且能够将基质中的气泡进一步切割，提高生物膜对氧气的利用率，有利于基质向生物膜以及生物膜内部之间的传氧、传质；同时，从书后彩图 3(c) 及彩图 4 可以看出，填料细丝表面凹凸不平，并有分布不均的小刺，经 AFM 测得填料表面均方根粗糙度 R_q 值为 41.31nm。较高的粗糙度为微生物生长和附着提供了良好的条件。

进一步对聚氨酯海绵填料进行傅里叶红外光谱分析,所得数据经Origin9.1 处理后如图 4-1 所示。

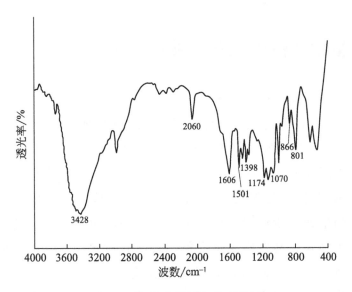

图 4-1　聚氨酯填料红外光谱图

由图 4-1 可知,位于谱图最高频率处的吸收在 $3428cm^{-1}$ 左右,显示为一个宽而强的吸收峰,此吸收峰为羟基伸展振动吸收峰;在波数 $2060cm^{-1}$ 处可发现一个尖锐具有中等强度的峰,这是由 $C\equiv C$ 伸展振动所产生的吸收峰;谱图中在 $1600cm^{-1}$ 附近和 $1500cm^{-1}$ 附近有吸收峰存在,推测可能为苯核 $C=C$ 振动吸收峰,考虑到在 $866cm^{-1}$ 及 $801cm^{-1}$ 波数处发现较强的吸收峰,这是 1,2,4-三取代苯 C—H 面外弯曲振动吸收峰的特征,说明该填料存在芳香化合物。同时,观察发现,位于 $1600cm^{-1}$ 处峰的宽度较宽,这可能是由于-NH₂ 剪式振动吸收同苯核 $C\equiv C$ 相叠加的结果。在 $1400cm^{-1}$ 附近出现较强的-NH-弯曲振动吸收峰。

通过对聚氨酯海绵填料的 SEM、AFM 及红外光谱解析表明:该填料不仅有较大比表面积、孔隙率及适宜的粗糙度;同时,在填料表面还附着有羟基等亲水性以及胺基、亚胺基等阳离子活性集团。这些集团可与液相中带负电荷的微生物固定结合,进而将生物膜固定在 PU-海绵填料上，使附着于填料表面的生物膜不易在水流及气流剪切力的作用下流失，达到良好的污水处理效果。

4.2　生物膜形貌及微生物相分析

　　为进一步了解不同阶段下附着在填料上生物膜相的形态结构特征，对不同阶段的 PU-海绵填料取样拍照，并经预处理后，进行 SEM 观察。

　　不同阶段下生物膜实物照片及 SEM 如书后彩图 5 所示。

　　书后彩图 5(a)～(d)是 4 个阶段填料表面的生物膜形态图。可以看出，在 R_1 阶段，虽然反应器已经运行了一段时间，但生物填料表面所附着的生物膜量仍然较少，生物膜呈现浅黄色，取出的填料样品所附着的生物膜容易发生脱落现象，表明此时生物膜黏附力依然较弱且生物量较少。通过测量，此时生物膜量为 5220mg/L。随着反应继续进行，附着于填料上的生物膜颜色不断加深，在 R_2 阶段生物膜颜色呈现黄褐色，并可以明显观察到 PU-海绵填料上生物膜量的增加，表明生物膜的生长速率高于由于生物膜磨损、冲蚀所造成的生物膜脱落速率，反应器内菌群能够良好生长，此时生物膜量为 8035mg/L。在 R_3 阶段附着于填料的生物量为 10256mg/L，黏附力进一步加强。另外，肉眼可明显观察到填料表面所附着的生物膜呈现浅红色，这表明生物膜内有厌氧氨氧化菌，这一点与之前脱氮性能数据分析的结论相一致。同 R_3 阶段不同的是，R_4 阶段由于曝气量增大，生物填料浅红色明显减少，填料逐渐由红色重新变为黄褐色，可能由于 DO 升高导致缺氧区减小，厌氧氨氧化作用减弱，此时生物量并没有明显变化，为 10253mg/L。

　　对不同阶段生物膜形态通过 SEM 观察。由书后彩图 5(e) 可以观察到，在 R_1 阶段生物膜形态结构并不紧密，多数微生物主要生长在填料细丝的背面。这有可能是因为相对于填料正面，在填料网状结构的背面所受到水流剪切力等的作用较弱，更适宜细菌的生长繁殖。此后，随着反应的进行，在微生物摄取水中物质的同时黏附在载体表面的菌群也得到不断增值，并在填料细丝的正面开始富集。从 R_2 阶段开始［见书后彩图 5(f)］，生物膜在自身生长繁殖及 PU 填料表面所具有的羟基、胺基等活性集团的作用下，生物量逐步增加，R_3 阶段［见书后彩图 5(g)］生物膜将填料表面完全覆盖。此时，附着在填料上生物膜的形态厚而致密。R_4 阶段［见书后彩图 5(h)］生物膜形态同 R_3 阶段相似，并没有体现出明显变化。

通过放大倍数进一步观察 R_1～R_4 阶段生物膜表面形态［见书后彩图 5(i)～(l)］。由书后彩图 5(i)～(l)可见，在 R_1 阶段发现有大量丝状菌存在，这些丝状菌作为骨架将各聚合物缠绕、链接起来，使生物膜能够牢固地束缚在聚氨酯海绵载体内，形成了具有一定空间层次的生物膜结构。同时，每层结构外层时起时伏，凹凸层叠，并存在一定的空洞，这所形成的孔隙及具有粗糙度的结构增加了生物膜与有机质间的接触面积，减少水流剪切力对膜的破坏作用，利于物质传递，从而形成厚的、较为坚固的膜，为生物膜形成不同溶解氧梯度，有效去除水中污染物奠定了基础。在 R_2 阶段，R_1 阶段所存在的丝状菌逐渐消失，生物膜结构逐渐致密，生物相主要以球菌为主。此后在 R_3 阶段，微生物更紧密地联系在一起，所形成的生物膜结构更加密实。进一步观察发现，此时生物膜内生长繁育的生物较之前类型更加广泛、种类更加繁多，主要以球菌、丝状菌居多。在一定空间范围内可以看到球菌呈现出大面积的聚集现象，这表明填料表面及内部空隙为微生物附着生长提供了较大的表面积和稳定的环境，使得细菌能够稳定生长。这样的生物膜结构为生物膜内部形成缺氧乃至厌氧环境提供了条件，这也为此阶段氨氧化菌、亚硝酸盐氧化菌、厌氧氨氧化菌及反硝化菌的有机耦合提供了有利条件。此外，在 R_2 及 R_3 阶段还发现了有大量小口钟虫的存在［见书后彩图 5(m)、(n)］，这些钟虫广泛地分布在生物膜表面，表明反应器出水处理效果好，这与 R_2 及 R_3 阶段 SBBR 系统较高的 TN 去除率（＞84%）及 COD 去除率（＞90%）相吻合。在 R_4 阶段，反应器处理效果恶化，此时生物膜生物相中球菌急剧减少，生物相主要以杆菌为主，R_3 阶段所观察到的钟虫在此消失。

4.3　生物膜 EPS 分析

　　生物膜是由微生物细胞和胞外多聚物组成的复杂微生态结构，其中胞外聚合物（Extracellular polymeric substances，EPS）是生物膜的重要组成部分，约占生物膜干重的 90%。它存在于微生物细胞外，是在废水处理中通过吸附废水中有机物、细胞裂解水解产生的一种黏稠的高分子聚合物。EPS 可通过形成含有充足水的网状结构使生物膜内细胞相互结合，使生物膜能够抵抗外部环境的冲击[3,4]。通常，EPS 分为紧密性胞外聚合物（Tightly bound EPS，TB-EPS）、松散性胞外聚合物（Loosely bound EPS，LB-EPS）和可溶性胞外聚合物（Soluble EPS，S-EPS）[5]。其各组分含量会因操作条件、废水特性等外部环境产生明显变化，同时这种变化对生物膜的形成及特性具有重要影响[6,7]。本节拟通过傅里叶红外光谱及三维荧光光谱分析不同阶段各 EPS 组分含量及变化规律，以期为 SBBR 处理高氨低碳氮比废水脱氮效果提供理论基础与科学依据。

4.3.1　傅里叶红外光谱特性分析

　　傅里叶红外光谱（Fourier transform infrared spectroscopy，FTIR）是根据红外光照射物质时所产生的分子振动能量和转动能量理论而发展起来的光谱技术。它能根据分子集团在红外光谱中所特有峰位、峰型，鉴别物质中所含有的官能团，具有样品用量少、分辨率高、检测速度快、灵敏度高等优点[8]，是对碳水化合物、蛋白质二级结构等化合物进行鉴定和结构分析的常用工具[9~11]。

　　本实验观察不同阶段下 EPS 组分的变化情况，对不同阶段 SEPS，LBEPS 及 TBEPS 进行傅里叶红外光谱测定，其谱图如图 4-2 所示。

　　由图 4-2 可以看出，不同阶段的 EPS 在波数为 3435～3410cm^{-1} 处均会出现一个强而宽的吸收峰，这由于 N—H 基和 OH 基的伸展振动引起。这两个基团可能是生物膜中碳水化合物及蛋白质中氨基酸的构成

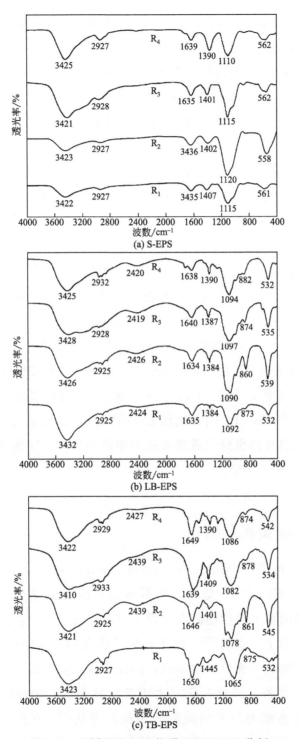

图 4-2　不同阶段下生物膜 EPS FTIR 分析

基团[5]；在 2920cm^{-1} 处存在一个较弱的吸收峰，该峰是脂肪类化合物 C—H 反对称伸缩振动[5,12]；在 1650～1635cm^{-1} 处出现 C＝O 伸展振动吸收峰，该峰较纯伯酰胺、仲酰胺、叔酰胺 C(N)＝O 吸收峰位置（1690～1650cm^{-1}）较低，这可能是由于和 C＝C 共轭的缘故。该峰被认为是酰胺Ⅰ峰[13]，它的出现证明蛋白质是 EPS 中重要的组成成分；在约 1400cm^{-1} 的峰是去质子化羧基的对称伸缩振动吸收峰[14]，该峰的存在表明 EPS 呈酸性；EPS 在 1100cm^{-1} 左右处出现较为明显的吸收峰，这是芳烃、碳水化合物或碳水化合物类物质中碳氧伸缩振动吸收峰[12,15]。

由图 4-2 可以看出，所有 EPS 样品在波数为 3435～3410cm^{-1}、2920cm^{-1}、1640cm^{-1}、1100cm^{-1} 处均含有吸收峰，这些峰表明不同阶段中的 EPS 均存在蛋白质和多糖类物质，而这些物质可能在维护生物膜稳定性中起到重要作用。通过对比同一阶段下 EPS 频谱可以发现，在 2000～1000cm^{-1} 的波数段内，TB-EPS 所形成的波峰数要略多于 S-EPS 及 LB-EPS，这表明 TB-EPS 中的成分较 S-EPS 及 LB-EPS 更为复杂，对生物膜保护作用更加明显。此外，不同阶段下 EPS 波峰位置及强度均略有不同，其中 TB-EPS 的变化较 LB-EPS 及 S-EPS 更为明显，说明不同阶段对 TB-EPS 的组分构成具有较为明显的影响。下面将通过三维荧光光谱对 EPS 进一步分析。

4.3.2　三维荧光分析

三维荧光光谱（Three-dimensional excitation matrix fluorescence spectroscopy，3D EEM）是通过在不同激发波长位置上连续扫描发射光谱，将样品的荧光强度随激发和发射波长同时变化的信息以等高线的方式投影在平面上的谱图[16]。由于各物质所含的分子结构和含量不同，其所吸收和发射的荧光波长也不同，因此不同物质三维荧光光谱谱图具有唯一性[17]。此外，该种表征方式还具有效率高、选择性好、灵敏度高等特点，已经成为表征物质的常用检测方法[3]。在生物膜 EPS 中，所具有的物质通常包含具有荧光性基团，可以通过这些荧光性的基团分析 EPS 在反应过程中成分、含量和种类的变化情况[18]。书后彩图 6 及表 4-1 给出了不同阶段下 TB-EPS、LB-EPS 及 S-EPS 的三维荧光光谱（3D-EEM）图及生物膜 EPS 三维荧光主要参数。彩图 6(a)～(c)代表 R_1 阶段 S-EPS、LB-EPS 及 TB-EPS；彩图 6(d)～(f)代表 R_2 阶段 S-EPS、LB-EPS 及 TB-EPS；彩图 6(g)～(i)代表 R_3 阶段 S-EPS、LB-EPS 及 TB-EPS；彩图 6(j)～(l) 代表 R_4 阶段 S-EPS、LB-EPS 及 TB-EPS。

由彩图 6 及表 4-1 可以看出，EPS 中总共包含 A～F 6 个峰：其中，A 峰的荧光中心相对应的激发波长和发射波长分别为 275～280nm 及 325～345nm；B 峰的荧光中心位置所对应的激发波长和发射波长分别为 220～250nm 及 325～350nm，这两区域均属于蛋白类峰。其中 A 峰是色氨酸蛋白质类物质，B 峰对应的是络氨酸芳香族蛋白类物质[19,20]；D 峰的荧光中心位于 $E_x/E_m = 300～350nm/390～425nm$，这一区域属于聚羧酸型腐殖酸类物质的荧光响应区[21]；根据 Chen 等[22] 的研究结果，分别位于 $E_x/E_m = 200～220nm/385～465nm$，$E_x/E_m = 200～220nm/485～495nm$，$E_x/E_m = 200～220nm/530～540nm$ 的 C 峰、E 峰、F 峰均属于富里酸类物质；由书后彩图 6 可看出在各相同阶段下 TB-EPS 较 S-EPS 及 LB-EPS 包含的物质更为复杂，所包含的蛋白类物质及微生物分泌的副产物更为丰富，这表明 TB-EPS 在保护生物膜内微生物群落方面起着更重要的作用。这同 Miao 等[18] 所研究的结果一致。随着反应的不断进行，作为生物膜的重要组成部分[23]，不同阶段 EPS 在三维荧光光谱上所检测出的荧光峰及荧光强度均有所不同，表明生物膜胞外聚合物在对抗恶劣的外部环境、保护生物膜方面起到重要作用。

由书后彩图 6(a)、(d)、(g)、(j) 可见，在反应 4 个阶段中，色氨酸蛋白类物质及芳香族蛋白类物质是 S-EPS 两种主要物质。其中，在 R_2 阶段结束时，在 B 峰的峰肩处突然出现了 C 峰，这个峰的出现表明 R_2 阶段生物膜的 S-EPS 中包含了富里酸类物质；与之同时出现的还有代表腐殖酸类荧光相应区的 D 峰。但是观察发现 D 峰在 R_3 阶段消失。D 峰在 LB-EPS 中的变化同在 S-EPS 变化基本一致，此外，色氨酸蛋白质类物质（A 峰）、络氨酸芳香族蛋白类物质（B 峰）也是 LB-EPS 中重要的组成物质。

TB-EPS 包含了 A、C、D、E、F 五个峰，其中，隶属于色氨酸蛋白类荧光区域的 A 峰在 $R_1 \sim R_2$ 阶段荧光强度较为稳定。当 SBBR 内形成稳定的亚硝酸累积，即 R_2 阶段时，聚羧酸型腐殖酸类物质（D 峰）被大量富集。这种物质被认为是 EPS 中重要的组成部分，通过吸附废水中腐殖酸类物质形成，并对酯酶的活性有促进作用[24,25]。然而本研究中所采用的配水为清水，里面并没有腐殖酸类物质，因此推测这种聚羧酸型腐殖酸类物质的大量富集可能是由于 R_2 阶段较为稳定的厌氧条件使得生物膜内部微生物繁殖速率加快，用于水解酸化代谢产物增多所致，这与 Wang 等[26] 的研究成果类似。大量腐殖酸类物质的存在也使得系统中 pH 值随着反应的进行大幅下降。在 R_3 阶段，A 峰的荧光强度骤然增加，D 峰荧光强度减弱，并与 A 峰相连成一个峰。属于富里酸类物质的 F 峰荧光强度也增强，系统内出现了好氧氧化、短程硝化反硝化及厌氧氨氧化的耦合作用，TN 去除率达到 84.6%；当 R_4 阶段时，系统中厌氧氨氧化作用减弱，TN 去除率下降，NH_4^+-N 出水浓度升高，A 峰、D 峰及 F 峰荧光强度同时减小，在 R_3 阶段相连的 A 峰及 D 峰分开。结合 R_3 及 R_4 各峰变化推测，色氨酸蛋白类物质及腐殖酸类物质在实现系统较高的 TN 去除率及短程硝化-反硝化及厌氧氨氧化的有机耦合发挥着重要作用。相对充足的色氨酸蛋白类物质有利于维护生物膜结构稳定进而促进生物膜内厌氧氨氧化菌的生长。同时，在反应过程中，微生物代谢所产生的适量腐殖酸类物质及富里酸类物质可以作为反硝化作用所需的碳源，使得反硝化菌能够在低碳氮比环境下，以这些物质作为电子供体促进反硝化作用的进行，消耗硝化及厌氧氨氧化作用中所产生的 NO_x^--N，提高系统中 TN 去除率。

由表 4-1 可以发现，不同阶段 EPS 均发生了不同程度的偏移，例如，在 T-BEPS 中，与 R_1 阶段 A 峰相比，R_2、R_3 阶段 TB-EPS 的 A 峰位置的 E_x/E_m 分别红移了 6/0nm 及 3/5nm。红移现象的发生可能是不同阶段下，一些诸如羰基、羟基、氨基及羧基基团等官能团的个数增加，使得荧光峰位置向长波处发生移动[22]，此外，一些峰由于部分官能团的减少向低波处移动，发生了蓝移，例如 R_4 阶段 A 峰 E_x/E_m 相较 R_1 阶段蓝移了 6/11nm。引起蓝移的官能团包括芳环烃及共轭键链等[27]。TB-EPS 中红移及蓝移现象的发生，表明 TB-EPS 中的组成及化学结构发生改变。这同傅里叶红外光谱分析结果吻合。与 TB-EPS 荧光峰位置不同程度位移现象不同的是，S-EPS 及 LB-EPS 所形成各荧光峰的位置对于不同反应阶段变化较弱，这可能是由于相较 S-EPS 及 LB-EPS，TB-EPS 与生物膜细胞表面结合更为紧密且容易被生物降解，它包含了很多蛋白类物质及微生物的副产物，这使得生物膜内的一些微生物在配水中碳源不足的情况下转向以 TB-EPS 作为自己的能量来源，从而导致 TB-EPS 中大分子物质的降解及小分子官能团生成及改变[23,28]。

表 4-1 不同阶段下生物膜 EPS 三维荧光主要参数

EPS	反应阶段	峰 A		峰 B		峰 C		峰 D		峰 E		峰 F	
		E_x/E_m	荧光强度 (a.u)	E_x/E_m	荧光强度 (a.u)	E_x/E_m	荧光强度 (a.u)	E_x/E_m	荧光强度 (a.u)	E_x/E_m	荧光强度 (a.u)	E_x/E_m	荧光强度 (a.u)
S-EPS	R_1	280/340	102	226/330	282	—	—	—	—	—	—	—	—
	R_2	284/320	76	226/330	167	230/410	198	294/410	156	—	—	—	—
	R_3	274/330	113	226/330	292	—	—	—	—	—	—	—	—
	R_4	280/330	133	226/340	333	—	—	320/380	118	—	—	—	—
LB-EPS	R_1	282/340	106	226/340	294	—	—	336/410	56	—	—	—	—
	R_2	282/330	95	226/330	231	—	—	336/410	72	—	—	—	—
	R_3	280/340	128	228/345	297	—	—	—	—	—	—	—	—
	R_4	280/330	133	226/340	333	—	—	320/380	118	—	—	—	—

续表

EPS	反应阶段	峰A		峰B		峰C		峰D		峰E		峰F	
		E_x/E_m	荧光强度(a.u)	E_x/E_m	荧光强度(a.u)	E_x/E_m	荧光强度(a.u)	E_x/E_m	荧光强度(a.u)	E_x/E_m	荧光强度(a.u)	E_x/E_m	荧光强度(a.u)
TB-EPS	R_1	284/365	1014	—		210/425	1014	310/400	611	208/490	1014	208/530	770
	R_2	290/365	995	—		208/425	1016	346/440	1016	210/490	1016	212/530	609
	R_3	287/370	1012	—		210/425	1012	317/395	1012	210/490	1012	208/530	1012
	R_4	278/354	974	—		208/425	974	320/385	974	212/490	861	208/530	524

4.4　生物膜氧微电极分析

如前所述，生物膜反应器拥有较高的抗负荷冲击能力及更稳定的生态系统。其中溶解氧（DO）是影响生物膜反应器污水处理效果的重要因素。生物膜填料附着的生物膜生长到一定厚度，受 DO 扩散和底物传递限制的影响，产生氧梯度。从膜外到膜内依次形成了好氧、缺氧甚至厌氧的生物膜功能微区[29]，废水中 DO 浓度的高低将直接影响生物膜好氧、缺氧及厌氧层的厚度，当降解污染物所需要的氧气高于生物膜内所扩散的氧气时，生物膜内会形成缺氧环境，各功能微区的生物菌群发生变化，进而影响到生物膜反应器脱氮除碳的效率。此外，从生物膜 SEM 及 EPS（4.2 及 4.3 部分）分析结果可知，本研究所培养的生物膜具有形成内部厌氧环境的条件。因此，明确生物膜内部传氧及好氧、缺氧/厌氧层的分布对于 SBBR 脱氮工艺优化非常关键。DO 微电极是测定生物膜内氧传质的一种较好的方法。氧微电极是指电极的尺寸小于等于微米级的一类电极，它能够在不破坏被测物体的前提下探测其微观结构[30]，是电化学中一门新兴的学科。DO 微电极的基本原理是当待测介质的氧扩散到阴极上，阴极将氧吸收后发生的不可逆的还原反应

$(4e^+ + O_2 + H_2O \longrightarrow 4OH^-)$。该反应同参比电极（或阳极）失去的电子构成回路并产生电信号，此时可以通过电信号强度测定所测介质氧浓度[31]。目前所使用的 DO 微电极是 1983 年 Revsbech 等[32] 所改进研发的 Clark 型氧微电极传感器。事实上，早在 1969 年，Bungay 等[33] 便将微电极技术用于生物膜内 DO 浓度变化研究。至今，随着微电极技术的产生及发展，氧微电极技术在生物膜微环境的研究上得到越来越广泛的利用[34~37]。因此，为进一步确定生物膜结构内部微观环境情况，本实验以微电极作为测试工具测定 PU 填料所附着生物膜内部 DO 分布情况，以求从微环境角度深入探究 DO 在生物膜中的纵向梯度变化规律及对 PU 填料-SBBR 反应器的影响，并试图通过 DO 变化模拟出生物膜结构特征。

4.4.1 生物膜内部溶解氧分布情况

在本实验中，不同曝气量（C/N 值为 2 时，曝气量为 100mL/min、150mL/min、200mL/min；C/N 值为 3 时，曝气量为 200mL/min、250mL/min、300mL/min、400mL/min）条件下，在废水的溶液中共形成了 3 个 DO 平均浓度（0.8mg/L、1.3mg/L 及 2.5mg/L），不同阶段系统达到稳定状态时去除效果如表 4-2 所列，不同溶解氧条件下沿生物膜内纵向 DO 分布特征如图 4-3 所示。

表 4-2 系统中不同溶解氧浓度对 SBBR 处理
高 NH_4^+-N 低 C/N 废水的去除效果

DO 浓度 /(mg/L)	C/N	NH_4^+-N 去除率/%	TN 去除率/%	COD 去除率/%	所处阶段
0.8	2	65	51.9	84	R_2 阶段前期
1.3	2	≥98	65	93	R_2 阶段后期
1.3	3	≥87	85.6	94	R_3 阶段
2.5	2	≥99	39	90	R_1 阶段
	3	79.2	74.4	92	R_4 阶段

由图 4-3 可以发现，在同一 DO 浓度条件下，DO 的扩散曲线可以分为 3 个部分：

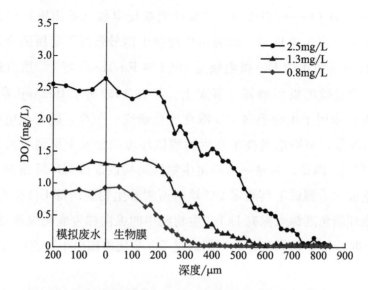

图 4-3 不同溶解氧条件下沿生物膜内纵向 DO 分布特征

① 在外界环境中，此时 DO 微电极并未接触到生物膜，DO 曲线基本维持在较为稳定的状态；

② 生物膜外层，即 0～200μm 左右时，由于生物膜并没有内层密实，DO 体现出轻微的波动，DO 质量浓度总体同液相中 DO 浓度基本相同；

③ 在生物膜内层，由于微生物对 NH_4^+-N 及 COD 降解作用，DO 浓度沿生物膜径向方向逐渐降低，并最终趋近于 0mg/L。

由图 4-3 可知，DO 浓度变化速率呈现先增大后减缓的趋势。

比较不同浓度 DO 变化规律可知，随着系统内 DO 浓度的增加，同一深度下的 DO 浓度也随之上升，到达同一 DO 浓度所需达到的生物膜厚度也逐渐增加，表明好氧层同缺/厌氧层在生物膜中的比例发生了变化。Ning 等[29] 指出，在好氧层，由于好氧微生物的活性，氧消耗速率（OUR）>0；反之，在厌氧层 OUR≤0。此外，浓度二次导数的正负与 OUR 取值有着密切联系，当浓度的二次导数>0 时 OUR 为正，表明微生物在此区域进行好氧活动，因而为好氧层；同理，当浓度的二次导数≤0 时 OUR 为负，表明微生物没有进行有氧活动，其所在的生物膜可确定为缺/厌氧层。在试验中，可以根据 OUR 的这一特性对生物膜内的好氧层和缺/厌氧层进行区分。由于在生物膜分布均匀条件下，

DO 下降到缺氧段时不会再出现好氧环境，因此本实验中仅对 DO 下降阶段进行二次求导。同一区域不同液相生物膜内 DO 变化梯度及 DO 浓度随深度变化的二次导数如图 4-4 所示。

由图 4-4 可以看出，随着 DO 浓度的增加，生物膜内好氧区与缺/厌氧区的比例发生显著变化。

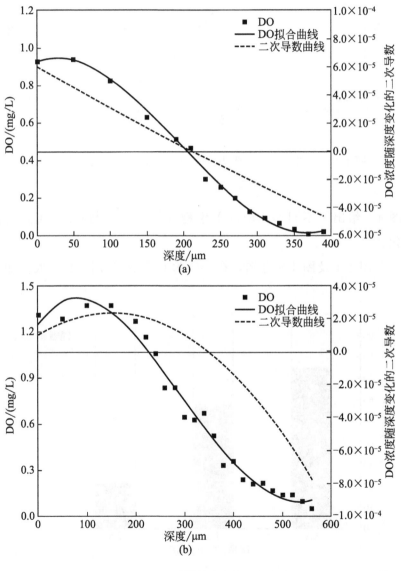

图 4-4

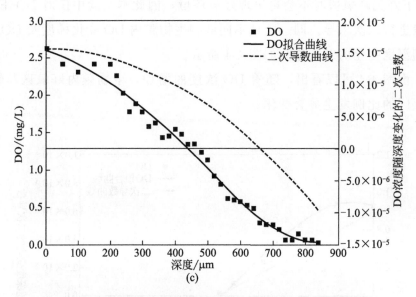

图 4-4　不同液相生物膜内 DO 变化梯度及 DO 浓度随深度

变化的二次导数

图 4-5 给出了不同 DO 浓度下生物膜内好氧区与缺/厌氧区所占比例变化。

结合图 4-4 及图 4-5 可知，在 DO 为 0.8mg/L 时，DO 浓度随深度

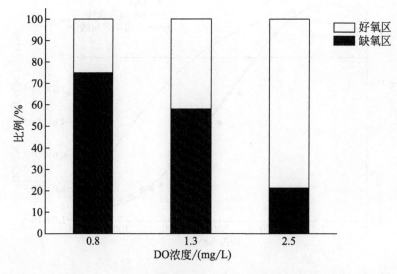

图 4-5　不同 DO 浓度下生物膜内好氧区与缺/厌氧区所占比例变化

的二阶导数在生物膜为 $210\mu m$ 时即降到了 0 以下,表明从生物膜表面至 $210\mu m$ 处为好氧层,$210\sim840\mu m$ 为厌氧层,好氧层厚度占总生物膜厚度的百分比为 25.23%。结合表 4-2 可知,此时系统中 NH_4^+-N 去除率仅为 65%。表明在此条件下,液相中 DO 浓度较低,好氧层厚度较薄,氨氧化菌及亚硝酸盐氧化菌等硝化细菌的 NH_4^+-N 降解能力较弱,但较厚的缺氧层使得生物膜中反硝化能力有所增强。

当 DO 为 1.3mg/L 时,由二阶导数图知好氧区的位置在距离生物膜表面 $352\mu m$ 处,好氧区与厌氧区比值达到 0.72。此时,不论在 R_2 阶段还是在 R_3 阶段,NH_4^+-N 及 COD 去除率均维持在较高的水平,并在 R_3 阶段使得反应期内 TN 去除率达到 80% 以上,表明 DO 为 1.3mg/L 左右时,有助于系统实现硝化菌、反硝化菌及异养菌的良好共存。占到总生物膜厚度 58.1% 的缺/厌氧区,保证了生物膜内有足够的厌氧区域空间供厌氧氨氧化菌生长繁殖,从而有助于 SBBR 生物膜反应器在 R_3 阶段形成好氧氧化-短程硝化-反硝化-厌氧氨氧化的同步耦合。

当系统内 DO 浓度为 2.5mg/L 左右时,生物膜内好氧区的比例进一步扩大,达到 78.8%,好氧区与厌氧区的比例为 3.72:1。较高比例的好氧区在 R_1 阶段为硝化菌及异养菌的生长提供了充足的 DO 浓度,NH_4^+-N 去除率达到 99% 以上,COD 去除率达到 90% 以上,但同时也不利于反硝化菌、厌氧氨氧化菌等细菌的生长繁殖,这就使得在 R_1 阶段 TN 去除率较低,仅为 39% 左右;在 R_4 阶段,厌氧微环境尺寸降低,厌氧氨氧化菌活性被抑制,使得好氧氧化-短程硝化-厌氧氨氧化耦合体系破坏,导致出水 NH_4^+-N 浓度升高,TN 去除率较 R_3 阶段下降 10%。

因此,通过适当的低 DO 精确控制使生物膜内厌氧区体积比控制在 55%～60%,可以有效实现 SBBR 同步好氧氧化-短程硝化-反硝化和厌氧氨氧化功能,强化脱氮除碳效果。

4.4.2 生物膜内微结构探究

生物膜内部结构同 DO、NH_4^+-N 等基质的传质速率密切相关[38],对系统中污染物的有效去除有着重要影响。为了明确生物膜的微观性质及结构，近年来，不同研究者采用不同方法对生物膜内部结构进行了广泛的研究，如 Martiny 等[38] 探讨了生物膜的厚度及覆盖率。Debeer等[39] 用共聚焦显微镜（Confocal laser scanning microscopy，CLSM）探讨了不同流速对生物膜结构的影响，Wagner 等[40] 将 CLSM 及拉曼显微镜（Raman microscopy，RM）连用，对异养生物膜的特性进行了研究。此外，Beyenal 等及 Möhle 等[41,42] 也采用 CLSM、三维模型法对生物膜结构进行了研究。然而，DO 微电极作为生物学常用的检测手段，鲜有人用来对生物膜结构进行推测，而针对 SBBR 生物膜反应器 PU 海绵填料所附着生物膜的构造尚无报道。本节参照 Ning 等[29] 方法，在 TN 去除率最高的阶段，选取 PU 海绵填料三个较为典型的部位进行纵向 DO 测定，试图探究 PU 海绵填料生物膜的内部构造。不同部位的 DO 测定曲线及推测的生物膜结构如图 4-6 所示。

图 4-6(a) 中的 A 显示，该处生物膜厚度大约为 $600\mu m$，Hao等[43] 通过研究发现，当生物膜厚度超过 $700\mu m$ 时，由于在生物膜内层缺乏营养物底物基质，而使得 TN 去除效率不再提高。据此，推测该处可能有较高的 TN 去除率。此外，在距离生物膜表面约 $150\mu m$ 处，DO 浓度仅有轻微的变化，此时有可能在生物膜的水膜层。随着生物膜深度的增加，DO 浓度随生物膜厚度的增加而发生显著降低，表明此部分生物膜致密，好氧微生物在此部分生长良好，能够利用生物膜内 DO 对液相中的有机质降解。在图 4-6(a) 中的 B 处，系统液相 DO 浓度为 $1.35mg/L$，与 A 处不同的是，生物膜内 DO 浓度从生物膜表面到 $110\mu m$ 处时快速下降，而在之后又快速上升，在 $310\mu m$ 处达到 $1.18mg/L$。这个变化趋势可能是由于在 $110\sim310\mu m$ 处有一空洞与液相相通，空洞大小约为 $200\mu m$，这个空洞使得废水中的 DO 能够透过空洞进出生物膜中。在深度达到 $310\mu m$ 后 DO 快速下降，同 A 处相比，此时 DO 所呈现的曲线斜率更大，表明在此处生物膜好氧速率更大，生物膜结构也更加致密。图 4-6(a) 中的 C 处 DO 变化曲线同 B 处大体相同，虽然在 $100\sim310\mu m$ 处仍有与外加相通的空洞，并在此重新形成新的生物膜表面，但由于实验条件限制，无法确定其是否与 B 处所呈现的空洞相通。此后随着 DO 微电极的不断推进，DO 浓度在 $430\sim470\mu m$

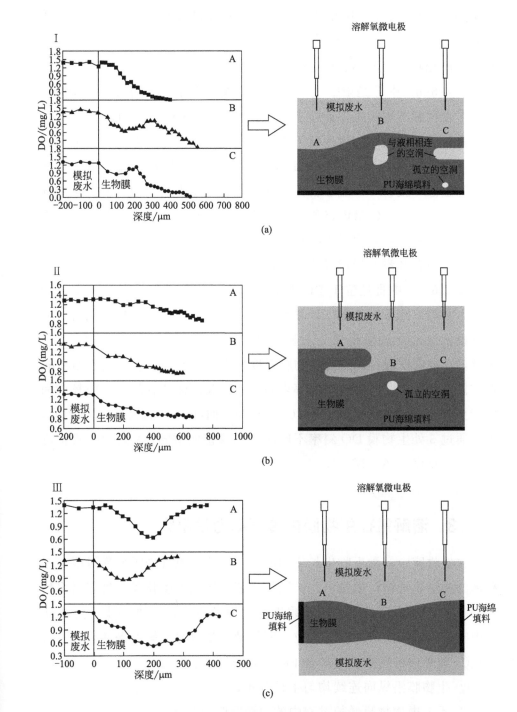

图 4-6 Ⅰ、Ⅱ、Ⅲ 位置 DO 测定曲线及推测的生物结构

处出现一个平台，DO 随生物膜厚度的增加而没有明显增加，表明在生物膜中间存在一个孤立的孔洞，该孔洞可能存在于生物膜内部之中，不与外界液相相通，与 A、B 处所有的空洞不同。

图 4-6(b) 中Ⅱ是 PU 填料另一位置的生物膜结构推测图。同 4-6(a) 中Ⅰ位置不同的是，此位置各处所呈现的 DO 浓度梯度较为平缓，经计算，其 DO 随生物膜厚度下降梯度为 0.00094，仅为Ⅰ位置平均斜率的 27.8%。这可能是由于在此位置生物膜结构特别稀疏，微生物分布较为松散，使得 DO 能够自由地穿过生物膜空隙中间而只有少量的降低。此外，尽管 DO 微电极所测的生物膜厚度约为 600μm，但当 DO 微电极到达生物填料表面时 DO 浓度仍然处于较高的状态，约 0.8mg/L，推测这一位置并没有形成较为稳定的缺氧环境。

图 4-6(c) 中Ⅲ是位于 PU 海绵填料空隙中的生物膜的结构图。此处的生物膜以孔隙四周的 PU 填料作为附着点，向空隙中间生长。DO 微电极所测的曲线呈现较为对称的性状［见图 4-6(c) 中 A、B、C］。观察 DO 浓度发现，此位置生物膜厚度较Ⅰ位置明显变薄，仅为 400μm 左右。各位置 DO 凹状曲线斜率表明在生物膜两侧位置的生物膜较中间位置更加密实。此外，A、B、C 处的 DO 曲线开口的大小不尽相同，表明通过 3 处生物膜 DO 斜率不同即生物膜密度不同，3 处生物膜密度由大到小排序为 A>B>C。

4.4.3　溶解氧在生物膜内传质动力学研究

在生物膜中，微生物生长所需的底物基质及氧气均需要通过附着于载体的生物膜传输，生物内的扩散传质速率影响着生物膜密度等诸多特性[30]。因此需要对 DO 扩散系数进行动力学研究，以进一步了解本研究中整个生物膜的宏观传质效应。所做动力学研究的假设条件为：

① 载体内的基质扩散符合 Fick 第一扩散定律；

② 生物膜沿纵向连续均匀生长分布；

③ 不考虑生物膜增长过程中的内源呼吸及失活；

④ 氧气只在到达生物膜时才开始反应，在通过水膜的扩散过程中

不发生反应。

由 Fick 第一定律：

$$J = -D\frac{\partial C}{\partial z} \tag{4-1}$$

式中 J——基质通量，$g/(m^2 \cdot s)$；

  D——溶解氧有效扩散系数，m^2/d；

  C——溶解氧浓度，g/m^3；

$\dfrac{\partial C}{\partial z}$——溶解氧在 z 轴方向上的浓度梯度。

假设在距离生物膜表面 z 处的基质通量为 J_z，取微元 dz，建立物料平衡关系式得：

$$J_z a - J_{z+dz} a = a \, dz \lambda_i \tag{4-2}$$

$$\lambda_i = k c_i \tag{4-3}$$

$$k = \frac{\lambda_0}{\dfrac{c_0}{2}} \tag{4-4}$$

式中 $J_z a$——单位时间内进入生物膜内的溶解氧量，g/s；

  $J_{z+dz} a$——单位时间内流出生物膜内的溶解氧量，g/s；

  a——反应面积

  λ_i——距离 i 处的溶解氧好氧速率，$g/(m^3 \cdot s)$，其值符合一级反应速率方程；

  c_i——距生物膜表面 i 处溶解氧浓度，g/m^3；

  k——一级反应速率常数，d^{-1}，不随载体厚度而变化的常数，且有：

整理得：

$$\frac{J_{z+dz} - J_z}{dz} = -kc \tag{4-5}$$

即：

$$\frac{dJ_z}{dz} = -kc \tag{4-6}$$

将 $J = -D\dfrac{\partial C}{\partial z}$ 代入得：

$$D\,\frac{\mathrm{d}^2C}{\mathrm{d}z^2}=-kc \tag{4-7}$$

在边界条件：$z=0$，$c=c_0$；$z=i$，$\dfrac{\mathrm{d}C}{\mathrm{d}z}=0$

得方程（4-7）的解为：

$$c=\frac{c_0\exp(-\sqrt{ki^2/D_0})}{2\cosh\sqrt{ki^2/D_0}}\exp(\sqrt{k/D_0}z)+$$

$$\frac{c_0\exp(-\sqrt{ki^2/D_0})}{2\cosh\sqrt{ki^2/D_0}}\exp(-\sqrt{k/D_0}z) \tag{4-8}$$

整理有：

$$c_z=\frac{\cosh\left(\sqrt{ki^2/D_0}\,(1-z/i)\right)}{\cosh\sqrt{ki^2/D_0}}\times c_0 \tag{4-9}$$

当 $z=i$ 时：

$$\frac{c_i}{c_0}=\frac{1}{\cosh\sqrt{ki^2/D_0}} \tag{4-10}$$

根据 SBBR 系统最优条件下运行效果，系统内平均氧消耗速率为 $0.531\mathrm{kg}/(\mathrm{m}^3\cdot\mathrm{d})$，代入式（4-4），可计算得到 $k=811.03/\mathrm{d}$。将 k 代入式（4-10）中，计算得到溶解氧传质系数 $D_0=3.3\times10^{-5}\mathrm{m}^2/\mathrm{d}$。生物膜不同深度氧浓度可通过下式进行预测：

$$c_z=\frac{\cosh\left[\sqrt{811.03\times i^2/3.3\times10^{-5}}\,(1-z/i)\right]}{\cosh\sqrt{811.03\times i^2/3.3\times10^{-5}}}c_0 \tag{4-11}$$

通过比较模型预测出水浓度及实际浓度对该模型进行进一步验证（见表 4-3），可以看出，该模型平均误差为 $0.099\mathrm{mg/L}$，表明该模型适用于描述本系统生物膜的内部不同深度溶解氧浓度。根据模型结论，溶解氧传质系数为 $3.3\times10^{-5}\mathrm{m}^2/\mathrm{d}$，此值远大于水中溶解氧扩散系数（$2.59\times10^{-5}\mathrm{m}^2/\mathrm{d}$，30℃[44]）。这表明在生物膜内部中溶解氧的传质运输非单纯的分子扩散，还有紊动传质作用。致密的生物膜能够迅速消耗掉水中氧气，使生物膜内部形成稳定的缺氧/厌氧环境，有利于系统好氧氧化-短程硝化-反硝化耦合厌氧氨氧化的形成。

表 4-3　预测溶解氧浓度与实际溶解氧浓度比较

液相 DO 浓度 /(mg/L)	生物膜深度/μm	DO 浓度/(mg/L)	
		实测值	预测值
0.8	50	0.94	0.64
	230	0.30	0.26
	290	0.12	0.19
1.31	380	0.32	0.20
	480	0.16	0.13
	560	0.05	0.08
2.5	660	0.29	0.12
	720	0.20	0.10
	760	0.06	0.09
平均误差			0.099

4.5　本章小结

① PU 填料有较大的孔隙率及比表面积，在填料表面附着有"小刺"，填料表面粗糙度为 41.31nm。经傅里叶红外光谱分析，填料含有羟基、胺基及亚胺基等活性基团，这些基团有助于载体通过结合法将生物膜固定，有助于 SBBR 系统实现对高氮低碳氮比废水的有效去除。

② 通过外观及 SEM 研究发现：R_1 阶段生物填料呈浅黄色，生物膜量较少，生物相以丝状菌为主；R_2 阶段生物膜颜色加深，填料上所附着的生物量增大，生物相主要以球菌为主；在 R_3 阶段，生物膜呈淡红色，表明系统内有厌氧氨氧化菌存在，生物相以球菌、丝状菌为主。R_2 及 R_3 阶段发现钟虫存在；R_4 阶段，以生物相杆菌为主，钟虫消失。

③ 傅里叶红外光谱及三维荧光光谱对不同阶段下生物膜胞外聚合物（EPS）特性进行表征。结果显示，蛋白质、碳水化合物是构成各EPS 的主要物质，且 TB-EPS 相较 LB-EPS 及 S-EPS 含有的物质浓度及种类更为丰富，表明 TB-EPS 在保护生物膜内微生物方面起着更加重要

的作用。较高的色氨酸蛋白类物质的存在及适量的腐植酸类物质的存在有助于促进好氧氧化-短程硝化-反硝化与厌氧氨氧化的耦合作用实现。不同阶段 S-EPS、LB-EPS 及 TB-EPS 红移及蓝移现象表明不同阶段 EPS 中结构成分发生了改变。

④ 利用氧微电极对不同溶解氧浓度条件下生物膜内部微环境进行研究。DO 浓度随生物膜深度的增加而逐渐降低，当液相 DO 浓度为 1.3mg/L 时生物膜内部厌氧微区比例达到 58.1%，SBBR 系统对高氨氮低 C/N 废水处理的综合性能达到最优。过高和过低的 DO 均不利于稳定厌氧微环境的形成及系统同步好氧氧化、短程硝化反硝化、厌氧氨氧化的发生。

⑤ PU 海绵填料上的生物膜结构在填料上并不均一，在同一填料不同位置上会呈现厚薄不均的生物膜分布，而在同一位置的不同地方所呈现的生物膜结构亦有所不同。生物膜内部结构或松散或紧凑，或密实或有孤立以及与外界相通的空洞，这样的结构有助于生物膜内的传氧传质，实现系统对高 NH_4^+-N 低 C/N 废水较高的脱氮除碳性能。

参考文献

[1] 张蕊，韩志英，陈重军，等.生物膜型污水脱氮系统中膜结构及微生物生态研究进展.生态学杂志，2011，30（11）：2628-2636.

[2] 周律，李彝，Hangsik S，等.污水生物处理中生物膜传质特性的研究进展[J].环境科学学报，2011，31（8）：1580-1586.

[3] Sheng G P, Yu H Q. Characterization of extracellular polymeric substances of aerobic and anaerobic sludge using three-dimensional excitation and emission matrix fluorescence spectroscopy [J]. Water Research, 2006, 40 (6): 1233-1239.

[4] Zhang X, Bishop P L. Biodegradability of biofilm extracellular polymeric substances [J]. Chemosphere, 2003, 50 (1): 63-69.

[5] Liang Z, Li W, Yang S, et al. Extraction and structural characteristics of ex-

tracellular polymeric substances (EPS), pellets in autotrophic nitrifying biofilm and activated sludge [J]. Chemosphere, 2010, 81 (5): 626-632.

[6] Zhang Z J, Chen S H, Wang S M, et al. Characterization of extracellular polymeric substances from biofilm in the process of starting-up a partial nitrification process under salt stress [J]. Applied Microbiology and Biotechnology, 2011, 89 (5): 1563.

[7] Zou X L, Xu K, Ding L, et al. Effect of salinity on extracellular polymeric substances (EPS) and soluble microbial products (SMP) in anaerobic sludge systems [J]. Fresenius Environmental Bulletin, 2009, 18 (8): 1456-1461.

[8] Bunaciu A A, Aboul-Enein H Y, Fleschin S. Recent Applications of Fourier Transform Infrared Spectrophotometry in Herbal Medicine Analysis [J]. Applied Spectroscopy Reviews, 2011, 46 (4): 251-260.

[9] Lefsih K, Giacomazzal D, Dahmoune F, et al. Pectin from Opuntia ficus indica: Optimization of microwave-assisted extraction and preliminary characterization [J]. Food Chemistry, 2017, 221: 91-99.

[10] Magazu S, Calabro E. Studying the electromagnetic-induced changes of the secondary structure of bovine serum albumin and the bioprotective effectiveness of trehalose by Fourier transform infrared spectroscopy [J]. The Journal of Physical Chemistry B, 2011, 115 (21): 6818-6826.

[11] Sassi P, Giugliarelli A, Paolantoni M, et al. Unfolding and aggregation of lysozyme: a thermodynamic and kinetic study by FT-IR spectroscopy [J]. Biophysical Chemistry, 2011, 158 (1): 46-53.

[12] Wang Z, Wu Z, Yin X, et al. Membrane fouling in a submerged membrane bioreactor (MBR) under sub-critical flux operation: Membrane foulant and gel layer characterization [J]. Journal of Membrane Science, 2008, 325 (1): 238-244.

[13] Maruyama T. FT-IR analysis of BSA fouled on ultrafiltration and microfiltration membranes [J]. Journal of Membrane Science, 2001, 192(1-2): 201-207.

[14] Badireddy A R, Chellam S, Gassman P L, et al. Role of extracellular polymeric substances in bioflocculation of activated sludge microorganisms under glucose-controlled conditions [J]. Water Research, 2010, 44 (15): 4505-4516.

[15] Zhu L, Lv M L, Dai X, et al. The stability of aerobic granular sludge under

4-chloroaniline shock in a sequential air-lift bioreactor (SABR) [J]. Biore-source Technology, 2013, 140: 126-130.

[16] 刘志宏，蔡汝秀. 三维荧光光谱技术分析应用进展 [J]. 分析科学学报，2000, 16 (6): 516-523.

[17] 刘小静，吴晓燕，齐彩亚，等. 三维荧光光谱分析技术的应用研究进展 [J]. 河北工业科技，2012, 29 (6): 422-425.

[18] Miao L, Wang S, Cao T, et al. Advanced nitrogen removal from landfill leachate via Anammox system based on Sequencing Biofilm Batch Reactor (SBBR): Effective protection of biofilm [J]. Bioresource Technology, 2016, 220: 8-16.

[19] Wang Z, Gao M, She Z, et al. Effects of salinity on performance, extracellular polymeric substances and microbial community of an aerobic granular sequencing batch reactor [J]. Separation & Purification Technology, 2015, 144 (39): 223-231.

[20] Zhu L, Zhou J, Lv M, et al. Specific component comparison of extracellular polymeric substances (EPS) in flocs and granular sludge using EEM and SDS-PAGE [J]. Chemosphere, 2015, 121 (5): 26-32.

[21] Coble P G. Characterization of marine and terrestrial DOM in seawater using excitation-emission matrix spectroscopy [J]. Marine Chemistry, 1996, 51 (4): 325-346.

[22] Chen W, Westerhoff P, Leenheer J A, et al. Fluorescence excitation-emission matrix regional integration to quantify spectra for dissolved organic matter [J]. Environmental Science & Technology, 2003, 37 (24): 5701.

[23] Sheng G P, Yu H Q, Li X Y. Extracellular polymeric substances (EPS) of microbial aggregates in biological wastewater treatment systems: a review [J]. Biotechnology Advances, 2010, 28 (6): 882-894.

[24] Fr Lund B, Palmgren R, Keiding K, et al. Extraction of extracellular polymers from activated sludge using a cation exchange resin [J]. Water Research, 1996, 30 (8): 1749-1758.

[25] Liu H, Fang H H P. Extraction of extracellular polymeric substances (EPS) of sludges [J]. Journal of Biotechnology, 2002, 95 (3): 249-256.

[26] Wang B B, Peng D C, Hou Y P, et al. The important implications of particulate substrate in determining the physicochemical characteristics of extracel-

lular polymeric substances（EPS）in activated sludge [J]. Water Research，
2014，58（3）：1-8.

[27] Swietlik J，Dabrowska A，Raczyk-Stanislawiak U，et al. Reactivity of natu-
ral organic matter fractions with chlorine dioxide and ozone [J]. Water Re-
search，2004，38（3）：547-558.

[28] Wang Z W，Liu Y，Tay J H. Distribution of EPS and cell surface hydropho-
bicity in aerobic granules [J]. Applied Microbiology and Biotechnology，
2005，69（4）：469-473.

[29] Ning Y F，Chen Y P，Shen Y，et al. A new approach for estimating aerobic-an-
aerobic biofilm structure in wastewater treatment via dissolved oxygen microdistri-
bution [J]. Chemical Engineering Journal，2014，255（6）：171-177.

[30] 温沁雪，施汉昌，陈志强. 生物膜微环境和传质现象研究进展 [J]. 环境工
程学报，2006，7（6）：1-5.

[31] 彭晓彤，周怀阳. 溶解氧传感器探测技术及应用中的若干问题 [J]. 海洋科
学，2003，27（8）：30-33.

[32] Revsbech N P，Jorgensen B B. Photosynthesis of benthic microflora measured
with high spatial resolution by the oxygen microprofile method：Capabilities
and limitations of the method1 [J]. Limnology and Oceanography，1983，28
（4）：749-756.

[33] Bungay H R，Whalen W J，Sanders W M. Microprobe techniques for deter-
mining diffusivities and respiration rates in microbial slime systems [J]. Bio-
technology and Bioengineering，1969，11（5）：765-772.

[34] Hille A，Neu T R，Hempel D C，et al. Oxygen profiles and biomass distri-
bution in biopellets of Aspergillus niger [J]. Biotechnology and Bioengineer-
ing，2005，92（5）：614-623.

[35] Horn H，Hempel D C. Growth and decay in an auto-/heterotrophic biofilm
[J]. Water Research，1997，31（9）：2243-2252.

[36] Masic A，Bengtsson J，Christensson M. Measuring and modeling the oxygen
profile in a nitrifying Moving Bed Biofilm Reactor [J]. Mathematical Biosci-
ences，2010，227（1）：1-11.

[37] 王旭东，许维，王磊，等. 用微电极测定曝气量对 SBR 系统中硝化作用的
影响 [J]. 环境工程学报，2010，4（12）：2705-2708.

[38] Martiny A C，Jorgensen T M，Albrechtsen H J，et al. Long-Term Succession of Structure and Diversity of a Biofilm Formed in a Model Drinking Water Distribution System [J]. Applied and Environmental Microbiology，2003，69 (11)：6899-6907.

[39] Debeer D，Stoodley P. Relation between the structure of an aerobic biofilm and transport phenomena [J]. Water Science and Technology，1995，32 (8)：11-18.

[40] Wagner M，Ivleva N P，Haisch C，et al. Combined use of confocal laser scanning microscopy (CLSM) and Raman microscopy (RM)：investigations on EPS-Matrix [J]. Water Research，2009，43 (1)：63-76.

[41] Beyenal H，Donovan C，Lewandowsik Z，et al. Three-dimensional biofilm structure quantification [J]. J Microbiol Methods，2004，59 (3)：395-413.

[42] Möhle R B，Langemann T，Haesner M，et al. Structure and shear strength of microbial biofilms as determined with confocal laser scanning microscopy and fluid dynamic gauging using a novel rotating disc biofilm reactor [J]. Biotechnology and Bioengineering，2007，98 (4)：747-755.

[43] Hao X，Heijnen J J，Van Loosdrecht M C M. Model-based evaluation of temperature and inflow variations on a partial nitrification-ANAMMOX biofilm process [J]. Water Research，2002，36 (19)：4839-4849.

[44] 许辉，刘清芝，胡仰栋，等. 气体在水中扩散过程的分子模拟 [J]. 计算机与应用化学，2009，26 (2)：153-156.

第5章
SBBR系统微生物群落特征

　　微生物是构成生物膜的重要组成部分，其群落结构及组成直接影响着系统对废水中污染物的去除效率。因此，对生物膜内部微生物菌群结构、相对丰度的分析有助于深入了解系统污染物去除机理，论证相关特征现象，为系统优化提供数据支持。

　　高通量测序作为近年来兴起的分子生物学技术，因其能够对样品进行快速、准确、细致、全面的分析，被越来越多地应用于废水生物处理的研究之中。Ma 等[1] 采用高通量测序，对国内 9 个焦化废水处理厂中的生物群落进行了探究，发现这 9 个焦化废水处理厂具有相似的生物群落结构。Wang 等[2] 通过高通量测序，阐明亚硝化 SBR-同时污泥发酵-反硝化-厌氧氨氧化（SFDA）反应系统内关键菌群的分布情况。但是，基于 SBBR 系统处理高 NH_4^+-N 低 C/N 废水的生物群落研究依然较少，本章通过高通量测序，研究不同阶段 SBBR 系统处理高 NH_4^+-N 低 C/N 废水的微生物菌群结构特征，解析氨氧化菌、亚硝酸盐氧化菌、厌氧氨氧化菌及反硝化菌等关键功能菌群结构及相对丰度，从分子生物学角度研究微生物菌群多样性，分析功能菌群的相互关系，为 SBBR 系统处理高浓度含氮有机废水脱氮机理分析提供科学依据。

5.1　不同阶段微生物种类丰度及多样性

　　对 R_1、R_2、R_3、R_4 四个反应阶段后期稳定时的菌群进行高通量测序，分析不同阶段微生物种类丰度及其多样性。高通量测序得到的原始图像数据文件经 CASAVA 碱基识别分析转化后共得到原始序列 214614条，其中 R_1 阶段 39651 条，R_2 阶段 74220 条，R_3 阶段 41359 条，R_4阶段 59384 条。在去除嵌合体及靶区域外序列后，R_1、R_2、R_3、R_4 四个阶段得到有效序列的条数分别为 37989 条、70500 条、40500 条、56297 条，序列平均长度为 423.39bp。为研究各个阶段测序结果中的菌种、菌属等信息，本节将各阶段的样本序列按照序列间的距离进行聚类，然后将所有序列在 97% 的相似水平下进行生物信息统计分析，共得到 9664 个操作分类单元（Operational taxonomic units，OTUs），其中

R_1 阶段得到 1768 个 OTUs，R_2 阶段得到 3038 个 OTUs，R_3 阶段得到 1494 个 OTUs，R_4 阶段得到 3364 个 OTUs。

对已分类操作分类单元进行多样性分析，相关数据统计见表 5-1。

表 5-1　反应四个阶段微生物多样性分析

反应阶段	丰度指数		多样性指数		覆盖率指数
	Chao1	ACE	Shannon	Simpson	Coverage
R_1	8127.44	16780.89	3.50	0.11	0.97
R_2	24825.36	64381.24	3.58	0.09	0.96
R_3	6021.05	10867.17	4.26	0.05	0.98
R_4	41466.24	101474.03	4.58	0.03	0.95

由表 5-1 可知，覆盖率指数在所测四个阶段群落中均大于 95%，表明 4 个阶段样品中只有极少部分微生物未被发现，测序结果均能够反映各阶段样品的真实情况。Chao1 及 ACE 是两种估计生物群落中物种种类个数的指数。R_1～R_4 各阶段样本序列以 Chao1 算法得到的结果分别为 8127.44、24825.36、6021.05 及 41466.24。表明 R_4 阶段时的物种种类个数最多，其次依次为 R_2、R_1 及 R_3 阶段。这一点同 ACE 指数计算出结果一致。此外，Shannon 指数是用来估算样品中微生物多样性指数之一，Shannon 指数越高，表明该生物群落的多样性越丰富。据此，R_1～R_4 阶段生物群落的多样性逐渐增加，其中，R_4 阶段在 4 个阶段中有着较高的生物多样性，Shannon 指数为 4.58；R_1 阶段时的 Shannon 指数为 3.50，生物多样性在所有阶段中最低，Simpson 指数也佐证了这一点。结合第 3 章处理效果可知，不断升高的生物多样性使得填料中微生物群落之间的相互联系逐渐趋于复杂，生物膜上繁育的生物类型更加多样，生物能流途径更加丰富，抗外界环境波动能力增强。因此，在反应中，R_1～R_3 阶段系统 TN 去除率从 39% 升高至 84.6%。但过高的菌群多样性会使得不同菌群间的竞争加剧，反而不利于细菌的生长、繁殖，这有可能是 R_4 阶段 TN 去除率下降至 74.4% 的一个因素。

5.2　不同阶段微生物群落差异性分析

四个阶段微生物群落结构的相似性及差异性可通过样本聚类树进行

分析（见图 5-1）。生物群落越相似的阶段树枝长度越相近。结果显示，四个阶段的微生物群落可分为两大分支。提高 NH_4^+-N 负荷后的 R_2、R_3、R_4 阶段为一大分支，其中，C/N 值为 3 时的 R_3 阶段与提高曝气量后的 R_4 阶段生物群落同属一个分支，两者距离最近，在四个阶段中相似度最高。以上结果显示，相比于曝气量的改变，NH_4^+-N 负荷的提高及 C/N 值的增加均会对群落结构产生重要影响，这可能是微生物群落产生差异性的重要原因。此外，图 5-1 显示，R_1 阶段同其他阶段生物群落结构差异性最大，表明 NH_4^+-N 负荷对群落结构的改变更为明显。

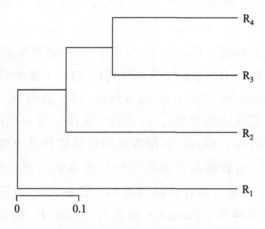

图 5-1　不同阶段生物群落样本聚类树分析

通过 Venn 图进一步对 R_1、R_2、R_3、R_4 四个阶段的 OTUs 进行差异性分析，其结果如书后彩图 7 所示。由书后彩图 7(a) 可以看出，在所有 4 个阶段的生物群落中观察到 OTU 数总共 8726 个，其中四者共有 180 个 OTUs，占总 OTU 数的 2.06%，表明有部分微生物一直存在于不同阶段的生物群落中。书后彩图 7(b) 显示，在四者共有的 OTUs 中，变形菌门 Proteobacteria（占比 74.39%）、拟杆菌门 Bacteroidetes（占比 19.37%）及放线菌门 Actinobacteria（占比 3.61%）是分布最多的微生物门类，三者占到细菌总数的 97.37%。相较其他两阶段，R_3 与 R_4 所共有的 OTU 数最多，为 453 个，表明这两阶段相似度较高，这同样本聚类树分析结果一致。此外，4 个阶段独有的 OTU 个数分别为

R_1 1490 个、R_2 2589 个、R_3 973 个及 R_4 2897 个。

5.3 不同阶段微生物群落在高分类水平结构分析

在四个阶段的群落构成中，99.99% 的序列为细菌，仅有不到 0.001% 的序列被分配为古菌。进一步从门、纲等较高分类水平上对不同阶段生物群落结构进行分析，不同阶段微生物群落在主要门及纲水平上的百分比如书后彩图 8 所示。由门分类水平可得，R_1、R_2、R_3 及 R_4 四个阶段所发现的细菌门数量分别为 27 个、28 个、25 个及 25 个，其中未在细菌门分类的序列分别占各阶段微生物总数的 0.164%、0.071%、0.219% 及 0.163%，表明各反应阶段均有未知菌属存在于该系统中。此外，根据书后彩图 8(a) 显示，尽管各细菌门在不同阶段的占比不同，但变形菌门（Proteobacteria）及拟杆菌门（Bacteroidetes）是构成生物群落最主要的门类，这两种门类占各阶段生物群落总数的平均比例分别为 61.55% 及 24.55%。其中，变形菌门（Proteobacteria）是最为丰富的一类微生物，该门类在四个阶段所测得序列总条数达到 105471 条，为其他门类所测序列条数总和的 1.4 倍。根据先前的报道，变形菌门广泛存在于海水养殖废水[3]、制药废水[4]、炼焦废水[5] 等各种污水处理系统的菌群中，它是污水处理过程中占主导作用一个门类。Wang 等[6] 发现在生活污水中，变形菌门的占比为 21%～53%，而 Zhang 等[7] 在报道指出，变形菌门在染料废水处理中所占比例为 19.6%。均低于本实验中变形菌门所占比例，这可能由于废水性质不同所致。通过观察不同阶段变形菌门变化可知，变形菌门在 R_1、R_2、R_3 及 R_4 四个阶段占各自基因序列总数的比例逐渐下降，其中当系统从全程硝化反硝化阶段（R_1）进入亚硝酸盐累积阶段（R_2）时，变形菌门下降幅度最大，表明变形菌门受氨氮负荷影响较大。拟杆菌门（Bacteroidetes）在四个阶段序列总数为 53930 条，占细菌总数的 24.55%，是仅次于变形菌门的主要细菌门类。

书后彩图 8(a) 显示，从 R_2 阶段开始，随着 SBBR 系统内 NH_4^+-N

负荷的提高，系统在整个周期内形成较为稳定的缺/厌氧环境，系统内的优势菌群也随之发生较为剧烈的变化：拟杆菌门的变化趋势与变形菌门变化趋势相反，前者在细菌群落中的占比从 9.37% 升高至 33.24%。此外，对比拟杆菌门在各阶段的占比及出水 COD 浓度可以发现，两者关系密切且呈负相关性：当 R_3 阶段的拟杆菌门占微生物总数的比例从 33.24% 下降至 27.22% 时，COD 出水从 37mg/L 升高至 50mg/L；随着 R_4 阶段拟杆菌门占比总数略升高至 28.08%，出水 COD 略有降低，为 40mg/L。综上，拟杆菌门的大量存在与该细菌门在厌氧环境中优异的生存能力及其能够参与有机物的降解密不可分，这一结论也同众多学者的报道相一致[7,8~10]。此外，值得注意的是，系统内生物群落中有浮霉菌门（Planctomycetes）存在，在四个阶段中的平均占比为 1.36%。报道表明，该门类中一些菌属可在厌氧条件下，以亚硝酸盐为电子受体氧化氨氮，最终产生 N_2 达到脱氮的目的[11]。本实验中，浮霉菌门在第三阶段达到最高，为 3.65%，并在 R_4 阶段下降至 1.08%，这一变化趋势同第 3 章数据分析结果相一致，佐证了 SBBR 系统中厌氧氨氧化现象的发生。

从纲分类水平进行分析可得，四个阶段共有 0.44% 的序列未被分类。在已鉴定的总共 56 个纲中，不同阶段下各优势菌纲所占比例略有不同，但表现出较高的一致性，相关结论如书后彩图 8(b) 所示。可以看出，微生物在 α-变形菌纲（Alphaproteobacteria）、β-变形菌纲（Betaproteobacteria）、γ-变形菌纲（Gammaproteobacteria）及鞘脂杆菌纲（Sphingobacteriia）等四个类别中聚集程度较高。其中，α-变形菌纲、β-变形菌纲及 γ-变形菌纲归类于变形菌门，三者总和分别占到各阶段微生物群落总数的 69.52%、62.34%、56.44% 及 54.69%；其次是隶属于拟杆菌门的鞘脂杆菌纲，在各阶段细菌总数中的平均占比为 13.43%。进一步对不同阶段变形菌门所属各类变形菌纲的群落组成进行分析（见图 5-2），可见 β-变形菌纲最为丰富，占变形菌门 60.39%~76.83%。众多报道指出，β-变形菌纲在污水生物处理中扮演着重要角色，由于它包含众多硝化菌及反硝化菌，使其广泛存在于焦化废水[12]、畜禽废水[13]、药物废水[14] 等高 NH_4^+-N 低 C/N 废水的生物处理之中。在本研究中，β-变形菌纲在 R_3 阶段占到微生物总数的 44.70%，在变

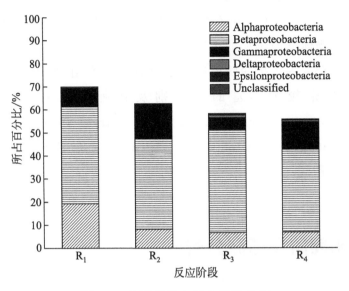

图 5-2　变形菌门在纲水平的分布

形菌门中的占比例达到最高值 76.83%。这可能由于在 R_3 阶段 C/N 的升高对 β-变形菌纲具有促进作用。α-变形菌纲是另一较为丰富的细菌纲。数据显示，α-变形菌纲在变形菌门生物群落中的占比由 R_1 阶段时 27.87% 逐渐降低到 R_2 阶段时的 12.94%，并在之后一直保持相对稳定。表明相比于其他条件，NH_4^+-N 负荷的提高不利于 α-变形菌纲的富集生长。虽然 α-变形菌纲在变形菌门中所占比例有所下降，但其在各阶段纲类别所有微生物中仍占有较高的比例，较高的丰度可能是因为 α-变形菌纲中包含一定数量的耐受菌属，这些菌属能够在有限的营养条件下利用多种碳源完成自身的代谢合成，这种代谢的多样性使得其具有较强的环境适应能力[15]。γ-变形菌纲也是 SBBR 系统中重要的一类纲[16,17]。占到总序列的 8.11% ~ 14.79%。结合三维荧光分析（见 4.3.2 部分）结果发现，生物膜内含有腐殖酸类物质，这类物质有助于促进 γ-变形菌纲的生长，这与 Wobus 等的研究成果相似[15]。此外，δ-变形菌纲、ε-变形菌纲作为变形菌门的另两大纲，他们各自所占平均比例分别为 0.51% 及 0.18%，低于变形菌门的其他纲类别，而 ζ-变形菌纲在四个阶段并未被检测出来。隶属于拟杆菌门的鞘脂杆菌纲

(Sphingobacteriia) 在本实验中表现出较高的丰度，占到微生物总数的 5.99%～14.82%。鞘脂杆菌纲的大量存在可能是由于其可作为核心菌属参与生物体糖原累积的生物富集过程。该过程所产生的鞘磷脂对细菌生长、衰老等各生命阶段的调节具有重要作用[18,19]。除了这些纲类别外，其余较为丰富的纲类别及其所占比例为 Cytophagia (9.223%)、Actinobacteria (3.178%)、Clostridia (2.646%)、Bacteroidia (2.190%)、Planctomycetia (1.133%) 及 Gemmatimonadetes (1.044%) 等。

5.4　不同阶段菌属分析

5.4.1　不同阶段属水平菌群结构特征

对属水平条件下各阶段的生物群落结构进行分析见书后彩图 9。

由书后彩图 9 分析：R_1～R_4 四个阶段的微生物群落共分布 593 个菌属，其中未分类的菌属占到 7.5%～18.1%，表明四个阶段中还存在一些菌属有待了解。在四个阶段群落总数中，占比在 1% 以上的细菌菌属包括 *Thauera*、*Comamonas*、*Thermomonas*、*Dechloromonas*、*Azospira* 等 19 个，这些菌属占到菌群总数的 80.5%。对四个阶段菌属群落分布的丰度信息通过物种丰度热图（见书后彩图 9）表征，颜色越红表示物种丰度越高。可以发现，由于不同阶段工况的变化，不同菌属所占群落比例变化趋势也不尽相同。例如：在 R_2 阶段，由于 NH_4^+-N 负荷的提高，*Comamonas*、*Thermomonas*、*Chryseolinea*、*Ferruginibacter*、*Niabella* 等菌属在生物群落的占比明显提高，而另一些诸如 *Methyloversatilis*、*Acinetobacter* 等菌属的变化趋势则与之相反；在 R_3 阶段 C/N 值的提高使得 *Simplicispira*、*Fulvivirga*、*Phaeodactylibacter*、*Ohtaekwangia* 等菌属在菌群中的占比上升的同时，*Acidovorax*、*Lacibacter* 等菌群的丰度降低。不同菌属在各阶段生物群落中所占比例的不同表明系统条件的改变对菌属构成产生了较大影响。对所检测到的菌属中具有脱氮功能的菌属进一步筛选、统计、分析,以了解不同阶段脱氮功能菌群的协同竞争关系。

5.4.2 不同阶段脱氮功能菌属分析

5.4.2.1 硝化功能菌分析

氨氧化菌(AOB)和亚硝酸盐氧化菌(NOB)是硝化功能菌属中的关键菌属,在生物脱氮过程中,水中的 NH_4^+-N 首先通过亚硝化单胞菌属(*Nitrosomonas*)、亚硝化螺菌属(*Nitrosospira*)、亚硝化叶菌属(*Nitrosolobus*)、亚硝化球菌属(*Nitrosococcus*)及亚硝化弧菌属(*Nitrosovibrio*)等氨氧化菌(AOB)将 NH_4^+-N 转化为 NO_2^--N,然后在硝化球菌属(*Nitrococcus*)、硝化杆菌属(*Nitrobacter*)、硝化刺菌属(*Nitrospina*)及硝化螺菌属(*Nitrospira*)等 NOB 作用下将 NO_2^--N 氧化为 NO_3^--N,进而通过反硝化菌将 NO_3^--N 还原为 N_2,达到反应系统内脱氮的目的。不同阶段氨氧化菌(AOB)及亚硝酸盐氧化菌(NOB)在细菌中的占比如文后彩图 10 所示。

在本实验中,虽然各阶段系统中 NH_4^+-N 的去除率均达到较高水平,但 AOB 及 NOB 所占比例却小于 3%,在 $R_1 \sim R_4$ 阶段 AOB 与 NOB 之和在微生物总数的百分比分别为 1.45%、0.98%、2.59% 及 0.93%。进一步分析发现,AOB 及 NOB 各自所占比例同前面数据分析结果一致(见书后彩图 8)。在 R_1 阶段,NOB 占细菌总数的百分比为 1.05%,是 AOB 占比的 2.6 倍,较高丰度的 NOB 使得出水氮素形式主要以 NO_3^--N 为主,SBBR 系统表现为全程硝化反硝化现象。在 R_2 阶段,SBBR 系统在运行周期内维持在较为稳定的缺/厌氧环境,由书后彩图 10 可以观察到,由于 FA 及 DO 对 NOB 的共同抑制,此时 NOB 活性减弱,NOB 数量占微生物数量的比例下降至 0.43%,而 AOB 的占比则超过 NOB,为 0.55%,AOB 的有效序列条数为 362 条,较 R_1 阶段所测有效序列条数增加了 1 倍,AOB 表现出较高的活性。AOB 及 NOB 各自不同的变化不仅保证了此阶段系统内能够维持较高的 NH_4^+-N 去除率(>97%),而且可以在系统内形成较为明显的亚硝氮

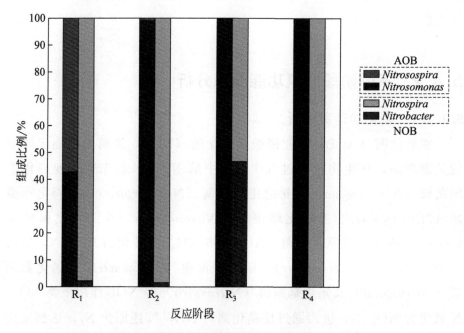

图 5-3　不同阶段硝化细菌类群及组成比例

累积（NAR>86%）。在 R$_3$ 阶段，C/N 值提高至 3，根据第 3 章分析
结果，由于 COD 在反应前 2h 即降至 100mg/L 左右，因此提高的碳源
并未对 AOB 活性造成实质性影响，AOB 在菌群中的占比提高至
2.40%。此外，可以看到，AOB 与 NOB 丰度之比则从 R$_2$ 阶段的 1.28
增加到 12.93，表明 AOB 较 NOB 对外界环境的改变有较强的适应能
力[64]。这一比例的构成，也使得系统在该阶段能够维持较为稳定的亚
硝酸盐氮累积率及较高的 TN 去除率。相比于 R$_3$ 阶段，R$_4$ 阶段中 NOB
在菌群中的占比由于反应器内 DO 浓度的升高而增加至 0.35%，AOB 与
NOB 的丰度之比下降至 1.65。同时，AOB 与 NOB 两者之和在生物群落
中的占比降低至 0.94%，这可能是导致系统在 R$_4$ 阶段 NH$_4^+$-N 去除率下
降的一个原因。

　　进一步对硝化菌属进行分析可知（见图 5-3），在 AOB 中，亚硝化
单胞菌属（*Nitrosomonas*）及亚硝化螺菌属（*Nitrosospira*）是构成氨
氧化菌的两个菌属。其他氨氧化菌诸如亚硝化叶菌属（*Nitrosolobus*）、
亚硝化球菌属（*Nitrosococcus*）及亚硝化弧菌属（*Nitrosovibrio*）在本

实验中并没有被检出。亚硝化螺菌属仅在 R_1 阶段大量存在，而当进水 NH_4^+-N 负荷提高后，亚硝化螺菌属占 AOB 的比例均小于 1%。相比于亚硝化螺菌属（*Nitrosospira*），亚硝化单孢菌属（*Nitrosomonas*）表现出更强的抗外界变化的能力，占到 AOB 的 41.4%～100%，表明该菌属是本实验氨氧化过程中关键菌属。这与众多学者研究结果一致[20,21]。

在亚硝酸盐氧化菌（NOB）中，隶属于变形菌门 α-变形菌纲的硝化杆菌属（*Nitrobacter*）和硝化螺菌属（*Nitrospira*）共同构成了生物膜内 NOB 的菌属。其中，硝化螺菌属在四个阶段中所占 NOB 菌群的百分比均高于硝化杆菌属，表明硝化螺菌属是本实验 NOB 的关键菌属。此外，研究发现在 R_3 阶段，硝化杆菌属在 NOB 中的占比突然提升，这可能是由于在 R_3 阶段将进水 C/N 值提高，水中难降解有机物增加的结果。Kim 等[22] 在研究焦化废水菌群结构中发现，硝化杆菌属会随着实验的进行而超越硝化螺菌属成为 NOB 的关键菌属，表明硝化杆菌属适合在有难降解有机物的废水中生存[23]。

5.4.2.2 厌氧氨氧化功能菌分析

高通量测序同时发现了具有厌氧氨氧化功能的菌群，Brocadiaceae 科属于浮霉菌门 Brocadiaceales 目，是具有厌氧氨氧化功能的细菌科[24]。进一步将基因序列通过 NCBI 基因库比对发现，*Candidatus Kuenenia* 是厌氧氨氧化菌属。

不同阶段 Brocadiaceae 科在 SBBR 系统中百分比如图 5-4 所示。

由其变化图（见图 5-4）可以看出，在 R_1 及 R_2 阶段并未发现该菌科的存在，但 Brocadiaceae 科在 R_3 阶段菌群的占比大幅提升至 3.36%，并在第四阶段降低至 0.84%。Brocadiaceae 科的这一变化同前面四个反应阶段的脱氮效果相一致，表明 SBBR 系统在 R_3 阶段发生了厌氧氨氧化反应，且在 R_4 阶段由于曝气量的提高，系统内溶解氧增加，厌氧氨氧化反应作用大幅减弱。结合前面分析结果，厌氧氨氧化菌在 R_3 阶段的大量生长可能由于以下几个原因：

① R_2 阶段形成了对体系中 NOB 的抑制，反应体系内亚硝氮大量累积，是 R_3 阶段 Brocadiaceae 生长的前提条件；

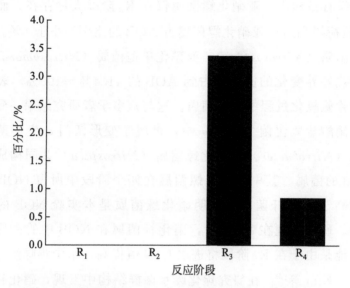

图 5-4   不同阶段 Brocadiaceae 科在 SBBR 系统中百分比

② R_3 阶段碳源的增加，使得系统中亚硝氮浓度快速降低，亚硝氮浓度对 Brocadiaceae 的抑制作用减弱；

③ SBBR 系统中，污染物沿着时间推移而降解，这一特性使得进水 COD 在前 2h 即被大量去除，系统内 C/N 值下降至 0.8，避免了过高的 C/N 值对厌氧氨氧化菌活性产生抑制[25]；

④ 微电极测试结果表明，R_3 阶段填料生物膜内好氧区与厌氧区之比为 0.72，适宜的溶解氧浓度以及好氧、厌氧区比例为厌氧氨氧化菌的生长创建了良好的环境。

因此，厌氧氨氧化菌群的存在是多原因综合作用的结果。

5.4.2.3   反硝化功能菌分析

另外，对反硝化菌属的鉴定与分类，R_1、R_2、R_3 及 R_4 四个阶段共检测到 28 个具有反硝化功能的菌属，占到细菌总数的 30% 以上。其中，89.2% 属于变形菌门，还有少部分隶属于拟杆菌门（Bacteroidetes）、放线菌门（Actinobacteria）及厚壁菌门（Firmicutes）。在变形菌门中，隶属于 β-变形菌纲的菌属占反硝化菌中的比例最大，达到 80.23%；归于 α-变形菌纲及 γ-变形菌纲的菌属占比分别为 1.7% 及 16.61%。与硝化菌相比,反硝化菌菌群更多,种类更丰富,在菌群中所占比例更大。进一步研究发现(表5-2),反硝化菌群的变化同之前的数据分析结论相互印证:在 R_2 阶段由于反应器内形成较为稳定的厌氧环境,系统内反硝化菌群占细菌总数的百分比升高至48.99%,表明 R_2 阶段系统 TN 去除率升高是系统内反硝化作用增强的结果。当反应进入 R_3 阶段,虽然反硝化菌在细菌总数的占比下降,但反硝化菌群种类数在4个阶段中最为丰富,共检测到26个反硝化功能菌属。这可能是由于碳源的提高使得反硝化菌菌群内发生更替变化,新的菌群生成,反硝化功能菌菌群种类趋于多样化。这一反硝化菌菌群结构使得 SBBR 系统内能够实现好氧氧化-短程硝化-反硝化及厌氧氨氧化的有机耦合,系统 TN 去除率达到最高值。在 R_4 阶段,虽然反硝化菌占微生物的比例并没有较大改变,但测得反硝化菌数较 R_3 阶段增加33.72%。增加的反硝化菌数目抑制了系统内 AOB、NOB 及厌氧氨氧化菌的活性,打破了 R_3 阶段所形成的短程硝化-反硝化-厌氧氨氧化的耦合体系,使得系统内 NH_4^+-N 及 TN 去除率下降。

表 5-2　不同阶段反硝化功能菌属占比

反应阶段	反硝化功能菌属占比/%	反应阶段	反硝化功能菌属占比/%
R_1	37.78	R_3	33.91
R_2	48.99	R_4	33.62

对反硝化菌的菌属进行解析(见书后彩图11),四个阶段分布排在前五的优势菌属包括陶厄氏菌属(*Thauera*)、丛毛单孢菌属(*Comamonas*)、热单孢菌属(*Thermomonas*)、固氮螺菌属(*Azospira*)、*Dechloromonas*。

Thauera 是在污水处理中常见的一类菌属,本研究中不同阶段陶厄氏菌属之和占细菌总数的比例为12.27%。*Thauera* 属隶属于变形菌门的 β-变形菌纲,在一些污水处理厂中占比超过40%,被认为是重要的反硝化功能菌[2]。Zhao 等[26] 在 NH_4^+-N 去除率达到99.2%时,对颗粒污泥中的菌群进行研究。结果显示,*Thauera* 属不仅是颗粒污泥中最丰富的菌种,而且对水中 N 的去除具有重要作用。此外,有研究报道表

明[27]，一些属于 *Thauera* 属的菌种具有自养反硝化作用，能够在亚硝氮转化为硝氮之前将水中亚硝氮还原为 N_2，具有实现系统内短程硝化反硝化作用，这有可能是 *Thauera* 属能够在本系统中大量存在的另一因素。

Comamonas 是 SBBR 系统四阶段中较丰富的反硝化功能菌属之一[28,29]。该菌属的部分菌种可以在缺氧条件下利用 $NO_3^- $-N 作为唯一的电子受体生长，并将硝态氮转化为亚硝态氮[30]。此外，研究报道显示，*Comamonas* 在市政污水处理系统中含量不高[31]，因此，高含量的 NH_4^+-N 及碳源可能是本实验 *Comamonas* 含量较高的主要原因。

Thermomonas 作为另一种具有反硝化功能的菌属，在各阶段细菌群落的占比为 1.2%～12.8%。*Thermomonas* 的大量存在可能由于其部分菌种可在不需要大量碳源前提下完成反硝化作用[32]。此外，有研究显示，高浓度 NH_4^+-N 条件下，该菌属有相对较快的生长速率，这使得其能够在本研究具有一定的竞争优势[33]。

Azospira 作为 β-变形菌纲中的一个菌属，具有良好的脱氮除碳的作用[34]。*Azospira* 属在 R_1、R_2、R_3、R_4 阶段占反硝化菌的百分比分别为 7.33%、9.93%、15.57% 及 22.39%。Sato 等[35] 研究发现，有机负荷的适度提高，有助于 *Azospira* 属的繁殖与生长。观察 *Azospira* 属各阶段增长百分比发现，C/N 值为 3 时的有机负荷对该菌生长具有明显促进作用。

Dechloromonas 在本系统各阶段的平均占比为 1.51%，该菌能够在缺氧条件下以硝态氮为电子受体降解水中有机物质，从而对水中硝态氮的去除做出贡献[36]。

SBBR 系统内检测到的反硝化功能菌属还有 *Simplicispira*[37]、食酸菌属（*Acidovorax*）[37]、黄杆菌属（*Flavobacterium*）、短波单胞菌属（*Brevundimonas*）[38] 等。此外，系统中还含有具有好氧反硝化功能的菌属，如生丝微菌属（*Hydrogenophaga*）[37]、动胶菌属（*Zoogloea*）[39]、假单胞菌属（*Pseudomonas*）[40]、柠檬酸杆菌属（*Citrobacter*）、副球菌属（*Paracoccus*）[41] 及 *Denitratisoma*[42]；以及极少数量的可利用无机物进行反硝化的自养反硝化菌，如硫杆菌属（*Thiobacillus*，占比 <

0.001%）。这些菌属在系统中生物群落中的占比虽然较少（<0.5%），但对 SBBR 系统实现较高的脱氮除碳性能具有重要作用。

5.5 微生物群落结构同环境因子对应关系

进一步研究环境影响因子与生物功能菌群的相关性。通过对物种进行除趋势对应分析（Detrended correspondence analysis，DCA）后认为，本研究适合采用冗余分析（Redundancy analysis，RDA）进行相关研究，微生物群落与环境因子 RDA 分析如书后彩图 12 所示。

书后彩图 12 中各红色箭头分别代表不同环境因子在平面上的相对位置，箭头越长，说明其作用越大；环境因子与物种（样品）间夹角的大小则反映了两者相关性大小及属性。由书后彩图 12(a) 可以看出，进水 C/N 比对于实现同时好氧氧化-短程硝化反硝化耦合厌氧氨氧化的关键菌群 *Candidatus Kuenenia* 及 *Nitrosomonas* 影响较大，并且呈正相关性；出水硝氮与 AOB 菌群中 *Nitrosospira* 及 NOB 菌群中 *Nitrospira* 相关性更为密切，并且该两种功能菌群与 NH_4^+-N 负荷、C/N 比及曝气量呈负相关性。在进水环境因子中，NH_4^+-N 负荷的箭头最长，表明相对于其他影响因子，NH_4^+-N 负荷是构成不同阶段生物群落组成差异最重要的环境因子 [见书后彩图 12(b)]，这与聚类树所做分析结论类似。进一步分析可以发现，NH_4^+-N 负荷在 R_1 阶段呈负相关关系，而与 R_2、R_3、R_4 阶段呈正相关关系；此外，NH_4^+-N 负荷对出水亚硝氮呈正相关性，与出水 COD 及出水硝氮呈负相关性，表明 NH_4^+-N 负荷的增加有助于系统实现亚硝氮的累积，并可使出水 COD 浓度下降。RDA 排序结果显示，C/N 值对 R_3 阶段系统菌群构成影响较大。综上认为，相比于其他环境因子，NH_4^+-N 负荷及 C/N 值是系统内菌群结构及系统出现好氧氧化-短程硝化反硝化耦合厌氧氨氧化的重要驱动因子。但由于系统去除效能是多因素共同作用的结果，因此其他环境因子对生物群落结构发挥的协同作用不能忽略。

5.6 本章小结

① 不同阶段系统菌群结构差异较为明显，R_4 阶段具有最多菌群种类及最丰富的生物群落多样性。

② 变形菌门（Proteobacteria）是 SBBR 处理高 NH_4^+-N 低 C/N 废水四个阶段中优势菌门，占到细菌总数的 $55.69\% \sim 69.84\%$；β-变形菌纲是四个阶段中最主要的细菌纲，占细菌总数的 $36.08\% \sim 42.05\%$。

③ 系统内 AOB 及 NOB 菌属的分布能够与反应器脱氮除碳效果相互印证。当系统内 NOB 数量高于 AOB 时，反应器处于全程硝化反硝化阶段；从 R_2 阶段开始，由于 NOB 被抑制，AOB 数量高于 NOB，系统内出现较为明显的亚硝氮累积。此外，系统处理效能的好坏也随着系统内 AOB 与 NOB 相对占比的变化而改变。亚硝化单胞菌属（Nitrosomonas）及硝化螺菌属（Nitrospira）分别是 AOB 及 NOB 的优势菌属。

④ 在 R_3 阶段检测到大量厌氧氨氧化菌科 Brocadiaceae 的存在，占系统细菌总数的 3.36%，证明系统内在 R_3 阶段发生了厌氧氨氧化反应，Brocadiaceae 在细菌中的占比在 R_4 阶段下降至 0.84%，同实验数据分析结果相一致。基因序列比对后认为 Candidatus Kuenenia 为本实验厌氧氨氧化菌属。

⑤ R_1、R_2、R_3、R_4 四阶段 PU-SBBR 系统内共检测到反硝化菌种类 28 个，各阶段反硝化菌占细菌总数的百分比均在 30% 以上。其中，R_3 阶段反硝化菌适宜的百分比及细菌数量能够将好氧氧化-短程硝化-反硝化-厌氧氨氧化有机耦合，实现较高的 TN 去除效果。Thauera、Comamonas、Thermomonas、Azospira、Dechloromonas 是反硝化菌群中的优势菌属。

⑥ RDA 分析结果表明：不同阶段的生物群落结构随表现出较大差异性，进水 NH_4^+-N 负荷及 C/N 比是不同阶段系统内菌群结构演替及系统实现好氧氧化-短程硝化反硝化耦合厌氧氨氧化的重要驱动因子。

参考文献

[1] Ma Q，Qu Y，Shen W，et al. Bacterial community compositions of coking wastewater treatment plants in steel industry revealed by Illumina high-throughput sequencing [J]. Bioresource Technology, 2015，179：436-443.

[2] Wang B，Peng Y，Guo Y，et al. Illumina MiSeq sequencing reveals the key microorganisms involved in partial nitritation followed by simultaneous sludge fermentation，denitrification and anammox process [J]. Bioresource Technology，2016，207：118-125.

[3] Zheng D，Chang Q，Li Z，et al. Performance and microbial community of a sequencing batch biofilm reactor treating synthetic mariculture wastewater under long-term exposure to norfloxacin [J]. Bioresource Technology，2016，222：139-147.

[4] Lapara T M，Nakatsu C H，Pantea L，et al. Phylogenetic Analysis of Bacterial Communities in Mesophilic and Thermophilic Bioreactors Treating Pharmaceutical Wastewater [J]. Applied and Environmental Microbiology，2000，66 (9)：3951-3959.

[5] Zhu X，Tian J，Liu C，et al. Composition and dynamics of microbial community in a zeolite biofilter-membrane bioreactor treating coking wastewater [J]. Applied Microbiology and Biotechnology，2013，97 (19)：8767-8775.

[6] Wang X，Hu M，Xia Y，et al. Pyrosequencing Analysis of Bacterial Diversity in 14 Wastewater Treatment Systems in China [J]. Applied & Environmental Microbiology，2012，78 (19)：7042-7047.

[7] Zhang L. Molecular diversity of bacterial community of dye wastewater in an anaerobic sequencing batch reactor [J]. African Journal of Microbiology Research，2012，6 (35)：6444-6453.

[8] Gao R. Performance and Spatial Succession of a Full-Scale Anaerobic Plant Treating High-Concentration Cassava Bioethanol Wastewater [J]. Journal of Microbiology and Biotechnology，2012，22 (8)：1148-1154.

[9] Shi R，Zhang Y，Yang W，et al. Microbial community characterization of an UASB treating increased organic loading rates of vitamin C biosynthesis

wastewater [J]. Water Science and Technology, 2012, 65 (2): 254-261.

[10] Tang Y Q, Fujimura Y, Shigematsu T, et al. Anaerobic treatment performance and microbial population of thermophilic upflow anaerobic filter reactor treating awamori distillery wastewater [J]. Journal of Bioscience and Bioengineering, 2007, 104 (4): 281-287.

[11] Graaf A A V D, Mulder A, Bruijn P D, et al. Anaerobic oxidation of ammonium is a biologically mediated process [J]. Applied & Environmental Microbiology, 1995, 61 (4): 1246-1251.

[12] Meng X, Li H, Sheng Y, et al. Analysis of a diverse bacterial community and degradation of organic compounds in a bioprocess for coking wastewater treatment [J]. Desalination & Water Treatment, 2015, 20 (4): 1-10.

[13] Ren L, Wu Y, Ren N, et al. Microbial community structure in an integrated A/O reactor treating diluted livestock wastewater during start-up period [J]. Journal of Environmental Sciences, 2010, 22 (5): 656-662.

[14] Kraigher B, Kosjek T, Heath E, et al. Influence of pharmaceutical residues on the structure of activated sludge bacterial communities in wastewater treatment bioreactors [J]. Water Research, 2008, 42 (17): 4578-4588.

[15] Wobus A, Bleul C, Maassen S, et al. Microbial diversity and functional characterization of sediments from reservoirs of different trophic state [J]. FEMS Microbiology Ecology, 2003, 46 (3): 331-347.

[16] Liu X C, Zhang Y, Yang M, et al. Analysis of bacterial community structures in two sewage treatment plants with different sludge properties and treatment performance by nested PCR-DGGE method [J]. Acta Scientiae Circumstantiae, 2007, 19 (1): 60-66.

[17] Zheng D, Chang Q, Gao M, et al. Performance evaluation and microbial community of a sequencing batch biofilm reactor (SBBR) treating mariculture wastewater at different chlortetracycline concentrations [J]. Journal of Environmental Management, 2016, 182: 496-504.

[18] Che J, Wang L L, Wang X T, et al. Characterization of Nitrifying Bacterial Community in a Mariculture Wastewater Treatment Using SBR System [J]. The Israeli journal of aquaculture-Bamidgeh, 2015, 67: 1-10.

[19] Weissbrodt D G, Maillard J, Brovelli A, et al. Multilevel correlations in the

biological phosphorus removal process: From bacterial enrichment to conductivity-based metabolic batch tests and polyphosphatase assays [J]. Biotechnology and Bioengineering, 2014, 111 (12): 2421-2435.

[20] Bai Y, Sun Q, Wen D, et al. Abundance of ammonia-oxidizing bacteria and archaea in industrial and domestic wastewater treatment systems [J]. FEMS Microbiology Ecology, 2012, 80 (2): 323-330.

[21] Ye L, Shao M F, Zhang T, et al. Analysis of the bacterial community in a laboratory-scale nitrification reactor and a wastewater treatment plant by 454-pyrosequencing [J]. Water Research, 2011, 45 (15): 4390-4398.

[22] Kim Y M, Cho H U, Lee D S, et al. Influence of operational parameters on nitrogen removal efficiency and microbial communities in a full-scale activated sludge process [J]. Water Research, 2011, 45 (17): 5785-5795.

[23] Blackburne R, Vadivelu V M, Yuan Z, et al. Kinetic characterisation of an enriched Nitrospira culture with comparison to Nitrobacter [J]. Water Research, 2007, 41 (14): 3033-3042.

[24] 黄佩蓓，焦念志，冯洁，等. 海洋浮霉状菌多样性与生态学功能研究进展 [J]. 微生物学通报, 2014, 41 (9): 1891-1902.

[25] Ni S Q, Ni J Y, Hu D L, et al. Effect of organic matter on the performance of granular anammox process [J]. Bioresource Technology, 2012, 110: 701-705.

[26] Zhao Y, Huang J, Zhao H, et al. Microbial community and N removal of aerobic granular sludge at high COD and N loading rates [J]. Bioresource Technology, 2013, 143: 439-446.

[27] Mao Y, Xia Y, Zhang T. Characterization of Thauera-dominated hydrogen-oxidizing autotrophic denitrifying microbial communities by using high-throughput sequencing [J]. Bioresource Technology, 2013, 128: 703-710.

[28] Bao T, Chen T, Wille M L, et al. Performance and characterization of a non-sintered zeolite porous filter for the simultaneous removal of nitrogen and phosphorus in a biological aerated filter (BAF) [J]. RSC Advances, 2016, 6 (55): 50217-50227.

[29] Chen Q, Ni J. Heterotrophic nitrification-aerobic denitrification by novel isolated bacteria [J]. Journal of Industrial Microbiology & Biotechnology,

2011，38（9）：1305-1310.

[30] Wu Y, Shukal S, Mukherjee M, et al. Involvement in Denitrification is Ben-
eficial to the Biofilm Lifestyle of Comamonas testosteroni: A Mechanistic
Study and Its Environmental Implications [J]. Environmental Science &
Technologyl, 2015, 49 (19): 11551-11559.

[31] Ibarbalz F M, Figuerola E L, Erijman L. Industrial activated sludge exhibit
unique bacterial community composition at high taxonomic ranks [J]. Water
Research, 2013, 47 (11): 3854-3864.

[32] Xing W, Li D, Li J, et al. Nitrate removal and microbial analysis by com-
bined micro-electrolysis and autotrophic denitrification [J]. Bioresource Tech-
nology, 2016, 211: 240-247.

[33] Ali M, Chai L Y, Min X B, et al. Performance and characteristics of a nitri-
tation air-lift reactor under long-term HRT shortening [J]. International Bio-
deterioration & Biodegradation, 2016, 111: 45-53.

[34] Zhou H, Li X, Chu Z, et al. Effect of temperature downshifts on a bench-
scale hybrid A/O system: Process performance and microbial community dy-
namics [J]. Chemosphere, 2016, 153: 500-507.

[35] Sato Y, Hori T, Navarro R R, et al. Fine-scale monitoring of shifts in mi-
crobial community composition after high organic loading in a pilot-scale
membrane bioreactor [J]. Journal of Bioscience and Bioengineering, 2016,
121 (5): 550-556.

[36] Zhang T, Shao M F, Ye L. 454 pyrosequencing reveals bacterial diversity of
activated sludge from 14 sewage treatment plants [J]. ISME Journal, 2012,
6 (6): 1137-1147.

[37] Chu L, Wang J. Denitrification performance and biofilm characteristics using
biodegradable polymers PCL as carriers and carbon source [J]. Chemo-
sphere, 2013, 91 (9): 1310-1316.

[38] Mergaert J, Boley A, Cnockaert M C, et al. Identity and potential functions
of heterotrophic bacterial isolates from a continuous-upflow fixed-bed reactor
for denitrification of drinking water with bacterial polyester as source of car-
bon and electron donor [J]. Systematic and Applied Microbiologyl, 2001, 24
(2): 303-310.

[39] Holt J G, Krieg N R, Sneath P H A, et al. Bergey's Manual of Determinative Bacteriology, 9th Edn. Baltimore, Williams & Wilkins. 1994.

[40] Takaya N, Catalansakiri M A, Sakaguchi Y, et al. Aerobic denitrifying bacteria that produce low levels of nitrous oxide [J]. Applied & Environmental Microbiology, 2003, 69 (69): 3152-3157.

[41] Robertson L A, Kuenen J G. Thiosphaera pantotropha gen. nov. sp. nov. , a Facultatively Anaerobic, Facultatively Autotrophic Sulphur Bacterium [J]. Microbiology, 1983, 129 (9): 2847-2855.

[42] Fahrbach M, Kuever J, Meinke R, et al. Denitratisoma oestradiolicum gen. nov. , sp. nov. , a 17beta-oestradiol-degrading, denitrifying betaproteobacterium [J]. International Journal of Systematic and Evolutionary Microbiologycrobiol, 2006, 56 (Pt 7): 1547-1552.

第6章
SBBR反应器生化动力学

动力学模型作为一种方便、经济、实用的方法，对于进一步了解反应体系去除效能、预测出水浓度具有极其重要的作用。目前，众多研究者通过各种动力学模型对不同废水进行了动力学研究，而包含尽可能少的自变量且实用的动力学模型是众多研究者关注的热点。一阶基质去除模型（First-order substrate removal model）因其仅包含基质进水浓度、出水浓度、水力停留时间（HRT）而被广泛应用于各种废水的动力学计算中[1~3]。Stover-Kincannon 模型最初用于描述生物转盘中的生物量[4]，而后随着研究者对其不断改进优化，使它能够应用于废水中污染物降解的动力学建模中。改良的 Stover-Kincannon 模型将基质负荷引入反应式中，并简化了一些难以测量的参数，使得该模型能够很好地描述各种废水的动力学特征[5~7]。莫诺模型（Monod model）最初用于描述微生增值速率与底物浓度之间的关系[8]，此后也被众多研究者用于描述污染物降解的动力学特性[9~11]。莫诺接触氧化动力学模型是基于莫诺模型的基础上发展起来的一种新型模型[12]。它不仅包含了传统莫诺模型对生物降解的动力学描述，同时将填料的比表面积及废水中难降解的有机物考虑在内，使得其能够较好地描述生物膜反应器的动力学特征。

本章采用一阶基质去除模型、改良 Stover-Kincannon 模型及莫诺接触氧化动力学模型 3 种动力学模型，考察 SBBR 系统对 NH_4^+-N、TN 及 COD 去除动力学参数，并建立数学模型，对系统 NH_4^+-N 及 COD 出水浓度做出预测。

6.1 反应动力学模型的建立

6.1.1 一阶基质去除模型

一阶基质去除动力学模型可由下式描述：

$$\frac{dS}{dt} = -k_1 S \tag{6-1}$$

$$\frac{S_0 - S_e}{HRT} = -k_1 S_e \tag{6-2}$$

式中　S_0——进水 NH_4^+-N 浓度，kg/m^3；

　　　S_e——出水 NH_4^+-N 浓度，kg/m^3；

　　　k_1——一阶基质去除动力学模型常数，$1/d$；

　　HRT——水力停留时间，d。

6.1.2　莫诺接触氧化动力学模型

根据胡纪萃等[12] 的报道，在反应器中基质消耗的物料平衡可用下式表示：

$$\left(-\frac{dS}{dt}\right)V = QS_0 - \left[\left(-\frac{dS}{dt}\right)_A \times V_A + \left(-\frac{dS}{dt}\right)_S V_S + QS\right] \tag{6-3}$$

式中　$(-dS/dt)_S$——悬浮微生物对水中基质的去除速率，$kg/(m^3 \cdot d)$；

　　　$(-dS/dt)_A$——附着于载体填料上的微生物对水中基质的去除速率，$kg/(m^3 \cdot d)$；

　　　　　　　V_A——生物膜体积，m^3；

　　　　　　　V_S——悬浮生物量体积，m^3。

由于在本研究中，悬浮于水中的生物量相较附着于填料上的生物量小，因此悬浮于水中的生物量可以忽略不计，则上式可以写成：

$$0 = QS_0 - \left[\left(-\frac{dS}{dt}\right)_A V_A + QS\right] \tag{6-4}$$

此外，根据生物膜的绝对生长速率 $(dx/dt)_A$ 及理论产率系数 Y_A，可求得附着于填料上微生物对基质去除速率：

$$\left(-\frac{dS}{dt}\right)_A = \left(\frac{dx}{dt}\right)_A \frac{1}{Y_A} = \frac{\frac{(dx/dt)_A}{X_A}X_A}{Y_A} = \frac{\mu_A X_A}{Y_A} \tag{6-5}$$

结合式(6-4) 可得：

$$Q(S_0 - S_e) = \frac{\mu_A X_A}{Y_A} NAD \tag{6-6}$$

式中　N——填料的体积，m^3；

　　　A——填料的比表面积，m^2/m^3。

本研究中 $NA = 1339.75m^2$，根据莫诺方程[8]：

$$\frac{\mathrm{d}S}{\mathrm{d}t} = \frac{\mu_{\max} S_e}{k_2 + S_e} \qquad (6\text{-}7)$$

填料单位面积的去除速率可表示为：

$$U = \frac{Q(S_0 - S_e)}{NA} = \frac{U_{\mathrm{m1}} S_e}{k_2 + S_e} \qquad (6\text{-}8)$$

$$\frac{1}{U} = \frac{NA}{Q(S_0 - S_e)} = \frac{1}{U_{\mathrm{m1}}} + \frac{k_2}{U_{\mathrm{m1}}} \frac{1}{S_e} \qquad (6\text{-}9)$$

当 $S_e \ll k_2$，可表示为：

$$U = \frac{U_{\mathrm{m1}} S_e}{k_2} = K S_e \qquad (6\text{-}10)$$

式中　　　　　　　　$\mu_{\max}$——附着于生物膜的最大生长速率，$1/\mathrm{d}$；

$K = \dfrac{U_{\mathrm{m1}}}{k_2}$，$U_{\mathrm{m1}} = \dfrac{(\mu_{\max})_{\mathrm{A}} X_{\mathrm{A}} D}{Y_{\mathrm{A}}}$——填料单位面积的基质最大去除速率，

$$\mathrm{g}/(\mathrm{m}^2 \cdot \mathrm{d})；$$

k_2——饱和常数，$\mathrm{mg/L}$；

当反应器中含有难降解有机物存在时，根据式(6-9)及式(6-10)，包含难降解有机物的动力学方程即可描述为式(6-11)及式(6-12)。

$$U = K(S_e - S_n) \qquad (6\text{-}11)$$

$$\frac{1}{U} = \frac{NA}{Q(S_0 - S_e)} = \frac{1}{U_{\mathrm{m1}}} + \frac{k_2}{U_{\mathrm{m1}}} \frac{1}{S_e - S_n} \qquad (6\text{-}12)$$

6.1.3　改进型 Stover-Kincannon 模型

SBBR 系统最大基质去除速率可通过改进型 Stover-Kincannon 模型进行描述，其模型可表示为式(6-13)：

$$\frac{\mathrm{d}S}{\mathrm{d}t} = \frac{Q(S_0 - S_e)}{V} \qquad (6\text{-}13)$$

此外，该模型亦可表示为[13]：

$$\frac{\mathrm{d}S}{\mathrm{d}t} = \frac{U_{\mathrm{m2}}(QS_0/V)}{k_3 + QS_0/V} \qquad (6\text{-}14)$$

结合式(6-13)及式(6-14)可得:

$$\left(\frac{\mathrm{d}S}{\mathrm{d}t}\right)^{-1}=\frac{V}{Q(S_0-S_e)}=\frac{k_3V}{U_{m2}QS_0}+\frac{1}{U_{m2}}=\frac{k_3HRT}{U_{m2}S_0}+\frac{1}{U_{m2}} \quad (6\text{-}15)$$

式中　U_{m2}——基质最大去除速率,kg/($m^3 \cdot d$);

　　　k_3——饱和速率常数,kg/($m^3 \cdot d$)。

6.2　反应器 NH_4^+-N 去除动力学分析

6.2.1　一阶基质去除动力学模型

根据式(6-2),以 S_e 为横坐标,$\dfrac{S_e-S_0}{HRT}$ 为纵坐标作图。根据图 6-1 所示,一阶基质去除模型动力学常数为 10.3779/d,相关系数 R^2 为 0.8507,较低的 R^2 值表明一阶基质去除动力学模型并不适用于 SBBR 反应系统的 NH_4^+-N 去除动力学研究。

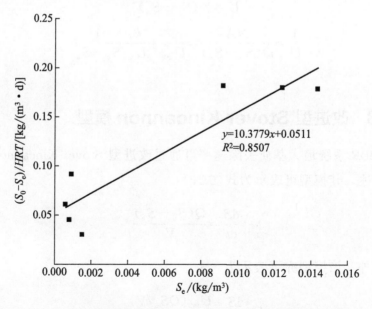

图 6-1　一阶基质去除模型用于反应器 NH_4^+-N 去除动力学研究

6.2.2　莫诺接触氧化动力学模型

将莫诺接触氧化动力学模型应用于 SBBR 反应系统去除动力学研究，根据式(6-9)，以 $1/U_{m1-NH_4^+-N}$ 对 $1/S_e$ 作图并进行线性拟合，结果如图 6-2 所示。

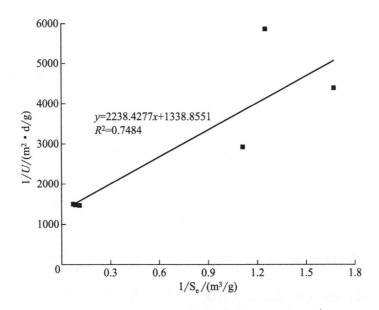

图 6-2　莫诺接触氧化动力学模型用于反应器 NH_4^+-N 去除动力学研究

由图 6-2 可知，其相关系数 R^2 为 0.7484，同一阶基质去除动力学模型一样，表明莫诺接触氧化动力学模型不能较好的拟合本反应系统 NH_4^+-N 去除情况。

6.2.3　改进型 Stover-Kincannon 模型

将改进型 Stover-Kincannon 模型用于描述本研究系统 NH_4^+-N 去除动力学特性，其结果如图 6-3 所示。

结果显示，该模型能够很好地拟合 SBBR 系统的 NH_4^+-N 去除情况，其相关系数 R^2 达到 0.9998，远高于一阶基质去除动力学模型及莫

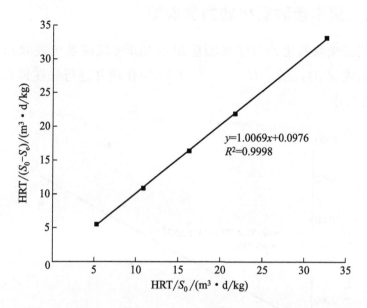

图 6-3　改进型 Stover-Kincannon 模型用于反应器 NH_4^+-N
去除动力学研究

诺接触氧化动力学模型。这可能由于不同于前两个动力学模型，改进型 Stover-Kincannon 模型将进水负荷 $\dfrac{QS_0}{V}$ 引入模型中，同时简化了流体动力学、扩散传质系数等一些难以计算的参数，使得该模型能够较好地应用于拟合本研究的 NH_4^+-N 降解效果中。

　　结合式（6-15），可得该系统最大 NH_4^+-N 去除速率 $U_{m2\text{-}NH_4^+\text{-}N}$ 为 10.2459kg/（m^3·d），饱和常数为 10.3166kg/（m^3·d）。此外，由改进型 Stover-Kincannon 模型预测的出水 NH_4^+-N 浓度见式（6-16）：

$$S_e = S_0 - \frac{10.3166 S_0}{10.2459 + \dfrac{S_0}{HRT}} \qquad (6\text{-}16)$$

6.2.4　模型验证与 SBBR 系统 NH_4^+-N 去除效能评估

　　为了进一步评估模型的实用性，将部分出水实验数据同拥有较好相关系数的改进型 Stover-Kincannon 模型的预测数据进行对比，其结果如表 6-1 所列。

表 6-1　改进型 Stover-Kincannon 模型预测 NH_4^+-N 出水浓度
同实际出水浓度比较

进水 NH_4^+-N 负荷 /[kg/(m³·d)]	出水 NH_4^+-N 浓度/(mg/L)	
	实测值	预测值
0.031	1.5	0.979
0.046	0.8	1.689
0.061	0.6	2.543
0.092	0.9	4.687
0.188	9.2	7.383
平均误差		1.877

可以发现，改进型 Stover-Kincannon 模型所计算的预测值能够较好地符合实际值，平均误差值约 1.827mg/L，表明该模型具有较好的实用性。应用改进型 Stover-Kincannon 模型对反应器内 NH_4^+-N 去除情况进行进一步研究，数据显示，PU-SBBR 系统的实际 NH_4^+-N 最大去除速率为 0.188kg/(m³·d)，仅为理论最大去除速率 10.2459kg/(m³·d) 的 1.83%。这表明该 SBBR 系统能够对高 NH_4^+-N 低 C/N 废水中 NH_4^+-N 进行有效处理，且系统仍具有较大的反应潜力，可在现有的程度上进一步提高 NH_4^+-N 负荷，以使得反应器对 NH_4^+-N 的降解功能得到充分发挥。

6.3　反应器 TN 去除动力学分析

6.3.1　一阶基质去除动力学模型

采用一阶基质去除动力学模型描述系统中 TN 的去除效能，一阶基质去除模型用于反应器 TN 去除动力学研究如图 6-4 所示。

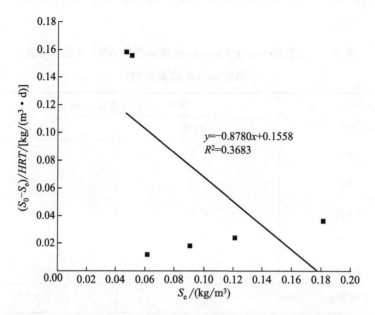

图 6-4　一阶基质去除模型用于反应器 TN 去除动力学研究

由图 6-4 可知，一阶基质去除模型的拟合常数为 R^2 为 0.3683，表明一阶基质去除动力学模型不适合描述系统中 TN 去除效能。

6.3.2　莫诺接触氧化动力学模型

莫诺接触氧化动力学模型用以描述系统中 TN 的去除动力学研究，其结果如图 6-5 所示。

由图 6-5 可知，莫诺接触氧化动力学模型用以描述系统中 TN 去除效能的相关系数 R^2 为 0.5920，较低的相关系数表明该模型同样不适用于描述系统 TN 的去除效能。

6.3.3　改进型 Stover-Kincannon 模型

将改进型 Stover-Kincannon 模型用于系统 TN 去除动力学研究，如图 6-6 所示。

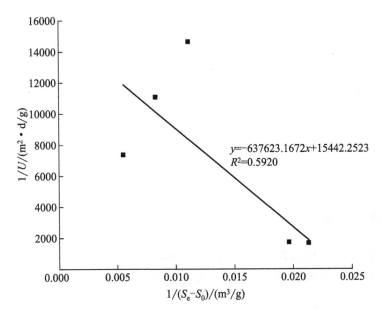

图 6-5　莫诺接触氧化动力学模型用于反应器 TN 去除动力学研究

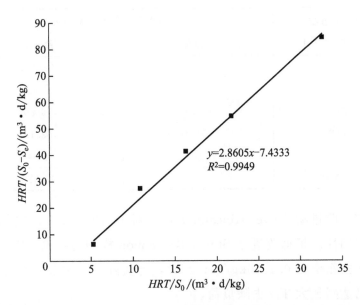

图 6-6　改进型 Stover-Kincannon 模型用于反应器 TN 去除动力学研究

由图 6-6 可知，改进型 Stover-Kincannon 模型的相关系数 R^2 为 0.9949，表明改进型 Stover-Kincannon 模型适用于描述系统 TN 去除效能。根据改进型 Stover-Kincannon 模型可得最大 TN 去除速率 U_{m2-TN} 为 0.1345kg/(m³·d)，饱和常数 k_{3-TN} 为 0.3846kg/(m³·d)。出水 TN 浓度可通过下式预测：

$$S_e = S_0 + \frac{0.1345S_0}{-0.3846 + \dfrac{S_0}{HRT}} \qquad (6-17)$$

6.3.4　模型验证与 TN 去除效能评估

对相关系数较高的改进型 Stover-Kincannon 模型所计算的出水浓度同实际出水浓度比较。以进一步确定改进型 Stover-Kincannon 模型的实用性，结果如表 6-2 所列。

表 6-2　改进型 Stover-Kincannon 模型预测 TN 出水浓度
同实际出水浓度比较

进水 TN 负荷 /[kg/(m³·d)]	出水 TN 浓度/(mg/L)	
	实测值	预测值
0.031	61.3	62.002
0.046	90.4	90.424
0.061	121.1	116.802
0.092	181.1	162.139
0.188	51	94.942
平均误差		13.586

可知，改进型 Stover-Kincannon 模型对于描述系统 TN 去除效能有较好的实用性。根据改进型 Stover-Kincannon 模型的结论，SBBR 系统最大 TN 去除率为 0.1345kg/(m³·d)，与实际 TN 去除负荷接近，表明系统已达到最大 TN 去除负荷。

6.4 反应器 COD 去除动力学分析

6.4.1 一阶基质去除动力学模型

一阶基质去除动力学模型同样被用于描述该系统的 COD 去除效能。根据图 6-7 的拟合曲线可知，一阶基质去除模型动力学常数为 6.3375/d，相关系数 R^2 为 0.9479，表明一阶基质适用于描述 SBBR 反应系统的 COD 去除效能。根据一阶基质动力学模型预测的出水 COD 浓度可由式 6-18 计算：

$$S_e = \frac{S_0}{6.3375 \times HRT + 1} \tag{6-18}$$

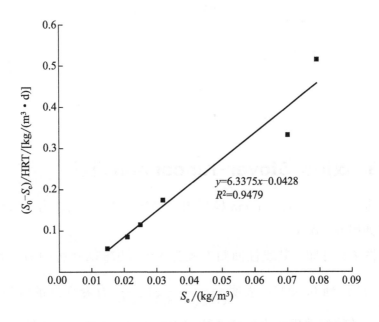

图 6-7 一阶基质去除模型用于反应器 COD 去除动力学研究

6.4.2 莫诺接触氧化动力学模型

将莫诺接触氧化动力学模型应用于 SBBR 系统的 COD 动力学研究。由于水中含有一定量的难降解有机物质，因此在确定动力学参数之前，需先确定难降解物质浓度。根据式(6-11)，以出水浓度为横坐标，填料单位表面积去除率为纵坐标作图［图6-8（a）］，经线性回归后获得拟合曲线 $Y=2.3652\times10^{-5}X-1.5969\times10^{-4}$，相关系数 $R^2=0.9479$，表明线性相关性良好。根据 X 轴截距可求得水中难降解物质为 $S_n=6.75\text{mg/L}$。根据式(6-12)，以 $1/U_{m1}$ 为横坐标，$1/(S_e-S_0)$ 为纵坐标作图，结果如图 6-8（b）所示。由图 6-8 可知，其相关系数 R^2 为 0.9891，较高的 R^2 值表明该模型能够较好地应用于 SBBR 系统的 COD 去除动力学的描述。此外，通过计算可知莫诺模型的动力学参数：最大基质去除速率 $U_{m1\text{-COD}}$ 及半饱和常数 $k_{2\text{-COD}}$ 分别为 $0.0084\text{g/(m}^2\cdot\text{d)}$ 及 329.2398mg/L。该反应器的出水 COD 浓度可通过下式预测：

$$S_e=\frac{118.909S_0-912905.806+}{237.817}$$

$$\frac{\sqrt{(912905.806-118.909S_0)^2-475.634\times(-38346.778S_0-5903273.438)}}{237.817}$$

$$(6-19)$$

6.4.3 改进型 Stover-Kincannon 模型

改进型 Stover-Kincannon 模型用于描述 COD 去除动力学特性的拟合曲线如图 6-9 所示。

由图 6-9 可知，其线性回归方程为 $Y=1.0756X+0.0157$，直线相关系数 R^2 达到 0.9997，表明 $\dfrac{V}{Q(S_0-S_e)}$ 同 $\dfrac{V}{QS_0}$ 有着良好的线性关系，该模型能够较好地用于描述该系统 COD 动力学特性。由线性回归方程可得最大 COD 去除速率 $U_{m2\text{-COD}}$ 为 $63.6943\text{kg/(m}^3\cdot\text{d)}$，饱和常数 $k_{3\text{-COD}}$ 为 $68.5096\text{kg/(m}^3\cdot\text{d)}$。出水 COD 浓度可通过下式预测：

$$S_e=S_0-\frac{63.6943S_0}{68.5096+\dfrac{S_0}{HRT}} \qquad (6-20)$$

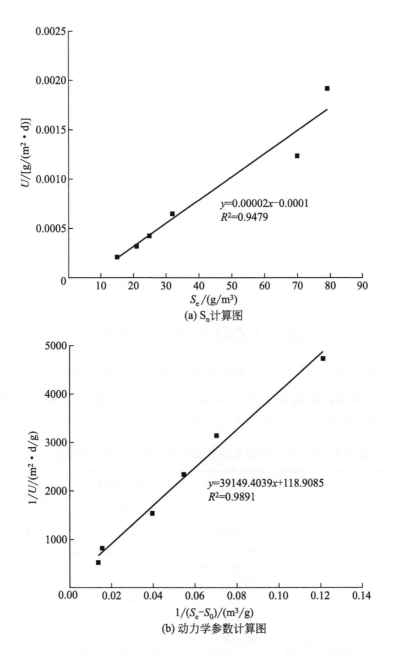

(a) S_n计算图

(b) 动力学参数计算图

图 6-8 莫诺接触氧化模型用于反应器 COD 去除动力学研究

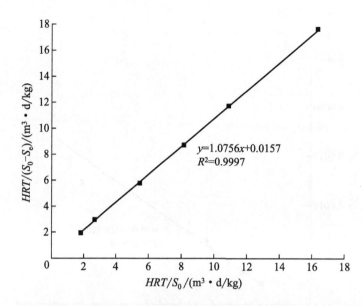

图 6-9 改进型 Stover-Kincannon 模型用于反应器 COD 去除动力学研究

6.4.4 模型验证与 COD 去除效能评估

通过比较模型预测的出水浓度及实验实测出水浓度，对一阶基质去除动力学模型、改进型 Stover-Kincannon 模型及莫诺接触氧化动力学模型的实用性进一步验证。其结果见表 6-3。

表 6-3 不同动力学模型预测出水浓度同实测出水浓度对比表

进水 COD 负荷 /[kg/(m³·d)]	出水 COD 浓度/(mg/L)			
	实测值	预测值		
		一阶基质 去除动力学模型	改进型 Stover-Kincannon 模型	莫诺接触氧化 动力学模型
0.061	15	9.223	14.223	15.234
0.091	21	13.835	21.460	19.790
0.123	25	18.446	28.779	24.465
0.184	32	27.669	43.665	34.189
0.376	70	53.945	45.214	64.320
0.563	79	80.918	70.084	100.734
平均误差		6.967	8.397	5.264

In the figure: $y = 1.0756x + 0.0157$, $R^2 = 0.9997$; axes labeled $HRT/(S_0 - S_e)/(\mathrm{m^3 \cdot d/kg})$ and $HRT/S_0/(\mathrm{m^3 \cdot d/kg})$

由表 6-3 可以看出，改进型 Stover-Kincannon 模型及莫诺接触氧化动力学模型均能够较好地预测出水浓度。但相比之下，莫诺接触氧化动力学模型的相对误差较小，表明莫诺接触氧化动力学模型更适合用于描述本系统的 COD 去除效能。这可能由于莫诺接触氧化动力学模型将生物填料面积及水中难降解物质考虑进模型之中，使得该模型更符合 SBBR 的实际运行状况。根据莫诺接触氧化动力学模型，填料单位面积理论去除速率可达 0.0084g/(m² · d)，是填料单位面积实际去除速率的 4.42 倍，其值高于现有的 COD 处理能力，表明该系统的 COD 去除率可进一步提高。

6.5 本章小结

① 一阶基质动力学去除模型、莫诺接触氧化动力学模型及改进型 Stover-Kincannon 模型 3 种不同的动力学模型被用于评估本研究中 SBBR 系统对高浓度含氮有机废水的处理效能。

② 对于 NH_4^+-N 去除动力学研究，一阶基质动力学去除模型（R^2 =0.8507）及莫诺接触氧化动力学模型（R^2 =0.7484）均表现出较低的线性相关性，表明这两个动力学模型不适用于描述 SBBR 系统的 NH_4^+-N 去除效能。相比之下，改进型 Stover-Kincannon 模型体现出较高的线性相关性及模型实用性（R^2 =0.9997，平均误差 1.877mg/L）。根据改进型 Stover-Kincannon 模型，本系统的最高去除速率为 10.2459kg/(m³ · d)，$k_{2\text{-}NH_4^+\text{-}N}$ 为 10.3166kg/(m³ · d)，显示系统具有较高的 NH_4^+-N 去除潜力。

③ 对于 TN 去除动力学研究表明，改进型 Stover-Kincannon 模型在 3 种模型中具有较高的线性相关性及模型实用性（R^2 =0.9949，平均误差 13.856mg/L），根据改进型 Stover-Kincannon 模型结论，本系统中最高去除率为 0.1345kg/(m³ · d)，与实验所得最大 TN 去除率相接近，表明 SBBR 系统已达到最大 TN 去除效能。

④ 对于 COD 去除动力学显示，一阶基质去除动力学模型、莫诺接触氧化动力学模型及改进型 Stover-Kincannon 模型均体现出较高的相关性。

进一步通过模型验证表明，虽然一阶基质去除动力学模型及改进型 Stover-Kincannon 模型的线性相关性 R^2 分别达到 0.9479 及 0.9997，但莫诺接触氧化动力学模型能够获得同实际数据更小的误差，说明莫诺接触氧化动力学模型能够更加准确地描述本研究系统中的 COD 降解特性。根据莫诺接触氧化动力学模型计算结果，本系统含有难降解有机物 6.75mg/L，$U_{\text{ml-COD}}$ 为 0.0084g/($\text{m}^2 \cdot \text{d}$)，半饱和常数 $k_{\text{2-COD}}$ 为 329.2398mg/L，表明系统能够对现有高 NH_4^+-N 低 C/N 废水 COD 进行有效去除并具有较高的去除潜力。

参考文献

[1] Mullai P, Yogeswari M K. Substrate Removal Kinetics of Hydrogen Production in an Anaerobic Sludge Blanket Filter [J]. Separation Science and Technology, 2014, 50 (7): 1093-1100.

[2] Ni S Q, Sung S, Yue Q Y, et al. Substrate removal evaluation of granular anammox process in a pilot-scale upflow anaerobic sludge blanket reactor [J]. Ecological Engineering, 2012, 38 (1): 30-36.

[3] Zerrouki S, Rihani R, Bentahar F, et al. Anaerobic digestion of wastewater from the fruit juice industry: experiments and modeling [J]. Water Science and Technology, 2015, 72 (1): 123-134.

[4] Stover E L, Kincannon I N D I. Rotating Biological Contactor Scale-Up and Design [C]. ISLAND K. 1st International Conference on Fixed Film Biological Processes, Kings Island, 1982.

[5] Faridnasr M, Ghanbari B, Sassani A. Optimization of the moving-bed biofilm sequencing batch reactor (MBSBR) to control aeration time by kinetic computational modeling: Simulated sugar-industry wastewater treatment [J]. Bioresource Technology, 2016, 208: 149-160.

[6] Kordkandi S A, Berardi L. Comparing new perspective of hybrid approach and conventional kinetic modelling techniques of a submerged biofilm reactor performance [J]. Biochemical Engineering Journal, 2015, 103: 170-176.

[7]　Noroozi A，Farhadian M，Solaimanynazar A. Kinetic coefficients for the domestic wastewater treatment using hybrid activated sludge process [J]. Desalination & Water Treatment，2014，57（10）：4439-4446.

[8]　Monod J. The Growth of Bacterial Cultures [J]. Annual Review of Microbiology，1949，3（1）：371-394.

[9]　Chen T，Zheng P，Shen L，et al. Kinetic characteristics and microbial community of Anammox-EGSB reactor [J]. Journal of Hazardous Materials，2011，190（1-3）：28-35.

[10]　Ibeje A O. Mathematical Modelling of Cassava Wastewater Treatment Using Anaerobic Baffled Reactor [J]. American Journal of Engineering Research，2013，2（5）：128-134.

[11]　Mac S，Dosta J，Gal A，et al. Optimization of Biological Nitrogen Removal via Nitrite in a SBR Treating Supernatant from the Anaerobic Digestion of Municipal Solid Wastes [J]. Industrial & Engineering Chemistry Research，2006，45（8）：2787-2792.

[12]　胡纪萃，顾夏声. 关于生物接触氧化法处理废水动力学模型的研究 [J]. 建筑技术通讯（给水排水），1987，01：5-9.

[13]　Yu H，Wilson F，Tay J H. Kinetic analysis of an anaerobic filter treating soybean wastewater [J]. Water Research，1998，32（11）：3341-3352.

第7章
本书结论与展望

7.1 结论

（1）本书主要结论

本书重点研究了 SBBR 系统处理高浓度含氮有机废水效能。通过反应器的启动、运行与操作条件的优化，在一个反应器内实现了高 NH_4^+-N 低 C/N 废水好氧氧化、短程硝化反硝化、厌氧氨氧化的同步耦合，对 NH_4^+-N、TN 和 COD 均具有较高去除率；采用多种表征技术研究了生物填料、生物膜微观结构和 EPS 组分变化，通过氧微电极测试研究了生物膜内部传氧规律并建立传质动力学模型，采用高通量测序技术考察不同阶段下生物膜内微生物群落及脱氮功能菌群结构及丰度动态变化，阐明生物膜微生物功能菌群演变同 SBBR 系统处理效能的生态学联系并建立 SBBR 系统生化反应动力学模型。

主要结论如下所述。

① 通过工艺参数的调整与控制，SBBR 系统对高 NH_4^+-N 低 C/N 废水的处理划分为 R_1～R_4 四个阶段：在 R_1 阶段，NH_4^+-N 去除率达到 95％以上，COD 去除率为 89.5％，亚硝氮累积率小于 5％；R_2 阶段 NH_4^+-N 负荷提高并增加曝气量，COD 去除率、NH_4^+-N 去除率、亚硝氮累积率及 TN 去除率分别为 93％、98％、92.3％以及 65％，系统呈现良好的短程硝化反硝化；R_3 阶段 C/N 值提高至 3，COD 去除率为 94％，亚硝氮累积率为 87.5％，而 TN 去除率进一步提高至 85.6％，反应器内出现显著的好氧氧化-短程硝化反硝化-厌氧氨氧化现象，短程硝化反硝化及厌氧氨氧化分别占 TN 去除的 53.6％及 41.2％，而 71.9％的 COD 通过好氧氧化作用去除，其余 COD 通过反硝化去除；R_4 阶段由于曝气量进一步提高后 NH_4^+-N 及 TN 去除率均下降 10％左右，较高的 DO 浓度导致厌氧氨氧化菌和反硝化菌活性抑制，使好氧氧化-短程硝化反硝化-厌氧氨氧化耦合作用被破坏。

② SEM 观察发现：R_1～R_3 阶段生物膜表面所附着的生物量逐渐增加，生物膜内部逐渐变得厚而密实，生物膜内主要微生物相由丝状菌向球菌转变，并在 R_2、R_3 阶段可见大量原生及后生动物，较长的食物

链及复杂的食物网有利于反应器内 TN 去除率的提高。随着反应的进行，填料表面生物膜的颜色逐渐加深变红，并在 R₃ 阶段出现淡红色，表明系统内有厌氧氨氧化菌生成。R₄ 阶段生物膜淡红色逐渐消失，生物相以杆菌为主，水质变差，钟虫消失。三维荧光光谱及傅里叶红外光谱分析发现：不同阶段生物膜 EPS 均含有蛋白质、碳水化合物及腐殖酸等物质，且 TB-EPS 相对于 LB-EPS 及 S-EPS 含有峰及荧光强度更为丰富，表明 TB-EPS 在保护生物膜内微生物方面起着更加重要的作用。较高的色氨酸蛋白类物质的存在及适量的腐殖酸类物质的存在有助于促进好氧氧化-短程硝化-反硝化与厌氧氨氧化的耦合作用实现。不同阶段 TB-EPS 波峰偏移现象表明不同阶段 EPS 的组分发生了改变。

③ 利用氧微电极对生物膜微环境进行分析研究，发现当液相 DO 浓度为 1.3mg/L 左右，生物膜内好氧层与厌氧层比例为 0.72 时，能够使得生物膜内包括硝化菌、厌氧氨氧化菌及反硝化菌在内的各种细菌良好共存，而过高和过低的溶解氧不利于 SBBR 系统对高 NH_4^+-N 低 C/N 废水中 TN 的高效去除。利用氧微电极对生物膜结构推测表明：生物膜结构分布不均，生物膜结构内部或松散或紧凑并存在着孤立及与外界贯穿的空洞，该结构有助于反应器对高浓度含氮有机废水实现较高的脱氮除碳性能。

④ 高通量测序结果显示：变形菌门（Proteobacteria）及 β-变形菌纲（β-Proteobacteria）是 SBBR 系统处理高氨低 C/N 废水中的优势菌门及优势菌纲。R₁ 阶段全程硝化反硝化的形成是由于亚硝酸盐氧化菌（NOB）丰度高于氨氧化菌（AOB）的结果。R₂ 阶段 NOB 被抑制，AOB 超过 NOB 成为硝化菌中的优势菌群，反应器形成明显的亚硝氮累积现象。亚硝化单胞菌属（*Nitrosomonas*）及硝化螺菌属（*Nitrospira*）分别是 AOB 及 NOB 的优势菌属。在 R₃ 阶段检测到大量厌氧氨氧化菌科 Brocadiaceae 和厌氧氨氧化菌属 *Candidatus Kuenenia* 的存在，占比在 3% 以上，证明系统内在 R₃ 阶段发生了厌氧氨氧化反应。R₄ 阶段 Brocadiaceae 占比下降至 0.84%，厌氧氨氧化作用减弱。该菌群在前 R₁、R₂ 阶段并未检出。四个阶段系统内共检测到反硝化菌 28 种，反硝化菌占细菌总数的百分比均在 30% 以上。其中 *Thauera*、*Comamonas*、

Thermomonas、*Azospira*、*Dechloromonas* 是反硝化菌群中的优势菌属。RDA 分析表明，NH_4^+-N 负荷及 C/N 值是系统内菌群结构变化及好氧氧化-短程硝化反硝化耦合厌氧氨氧化实现的重要驱动因子。

⑤ PU-SBBR 系统生化动力学分析表明：NH_4^+-N 及 TN 去除较好地符合改进型 Stover-Kincannon 模型；而 COD 去除则更好地符合莫诺接触氧化动力学模型。根据最优模型结果，系统对 NH_4^+-N 的最高去除速率为 $10.2459kg/(m^3 \cdot d)$，TN 最高去除速率为 $0.1345kg/(m^3 \cdot d)$，填料单位面积对 COD 最高去除速率为 $0.0084g/(m^2 \cdot d)$，系统对 N 及 COD 同时去除均显示出较高潜力。

⑥ 采用 PU-SBBR 系统在 C/N 值为 3，DO 为 1.3mg/L，NH_4^+-N 负荷为 $0.18kg/(m^3 \cdot d)$ 条件下，COD、NH_4^+-N 和 TN 的去除率最高分别可达 95.2%、90.7%及 85.6%。

（2）不足之处

本书通过在 SBBR 反应器成功构建并实现好氧氧化、短程硝化、反硝化与厌氧氨氧化耦合作用，强化了系统同步脱氮除碳效能，然而由于试验条件与时间所限，今后还应在下面几方面进行深入研究以保证技术在实际工程应用中具有较强的竞争力和生命力：

① 应重点考察进水的水量和水质波动、碳氮比失调、冬季水温偏低、预处理对进水影响以及高氨氮冲击负荷等不利条件下系统处理能力和稳定性；

② 含氮工业废水中还存在相当数量的难降解有机物和有毒化合物，这些物质对于工艺的处理效能和稳定运行影响不容忽视；

③ 建议在后续研究中采用气相色谱、同位素示踪法和氮微电极等方法深入分析生物膜系统内脱氮除碳去除途径和贡献率；

④ 生物膜内功能细菌的数量比例、空间分布以及功能基因和代谢机制尚不明确，仍需配合其他分子生物学及宏基因组学研究方法。

7.2 展望

目前对于高 NH_4^+-N 低 C/N 废水处理，工程上普遍采用 A/O 活性污泥法工艺，不仅流程复杂、脱氮效率低下而且还存在能耗偏高、污泥容易出现沉降性能差、需要进一步污泥处理等问题。本书采用 SBBR 反应器，通过连续低氧曝气控制，在单一系统内同步实现高效脱氮与除碳功能，且不需要进行污泥排放与回流，大大简化了工艺流程并节约了处理成本，有望取代现有的活性污泥法 A/O 工艺，为高浓度含氮有机废水高效脱氮处理提供了新的解决思路。该技术基于单级生物膜系统完全短程脱氮（亚硝酸盐型硝化反硝化耦合厌氧氨氧化）作用，具有脱氮效率高、能耗物耗低、工艺简单且厌氧氨氧化不依赖于 COD 提前去除等优势。在实际应用过程中，需要根据进水水质和 C/N 高低选择不同工艺方案，若 0.5＜进水 C/N＜5.0，可以直接使用 SCONDA 工艺；若进水 C/N＞5.0，可以通过厌氧消化或高负荷好氧生物处理等预处理方法，提前去除部分有机物，以降低 C/N 值，降低到合适范围（C/N 值为 0.5～5.0）后，再采用 SCONDA 工艺处理。本书有望对于具有高浓度含氮有机废水（C/N＞1.0），如：焦化废水、煤化工废水、石化废水、屠宰废水、养殖废水、垃圾渗滤液、污泥消化液等一步式、可持续处理开辟全新的应用前景。

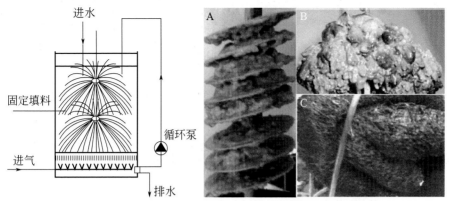

(a) 反应器结构示意　　　　　　　　(b) 填料挂膜后效果图

彩图 1　序批式固定床生物膜反应器及部分填料挂膜后效果图[81~84]

（A— 不锈钢圆盘载体；B— 纤维束载体；C— 丝瓜络载体）

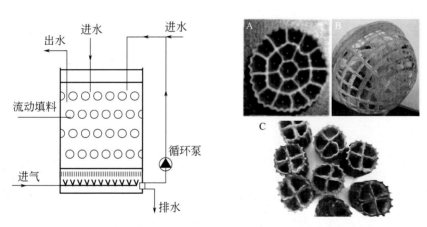

(a) 反应器结构示意　　　　　　　　(b) 填料挂膜后效果图

彩图 2　序批式流动床生物膜反应器及部分填料挂膜后效果图[85,86]

（A—改性聚乙烯填料；B—悬浮球填料；C—聚乙烯填料）

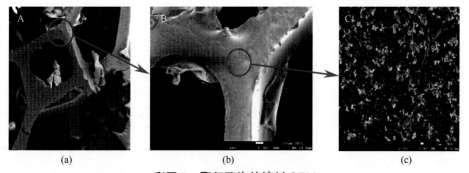

彩图 3　聚氨酯海绵填料 SEM

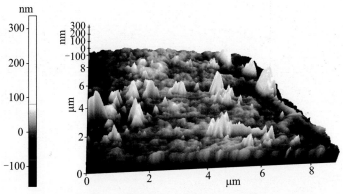

彩图 4　聚氨酯海绵填料 AFM 形貌

(a)

(b)

(c)

(d)

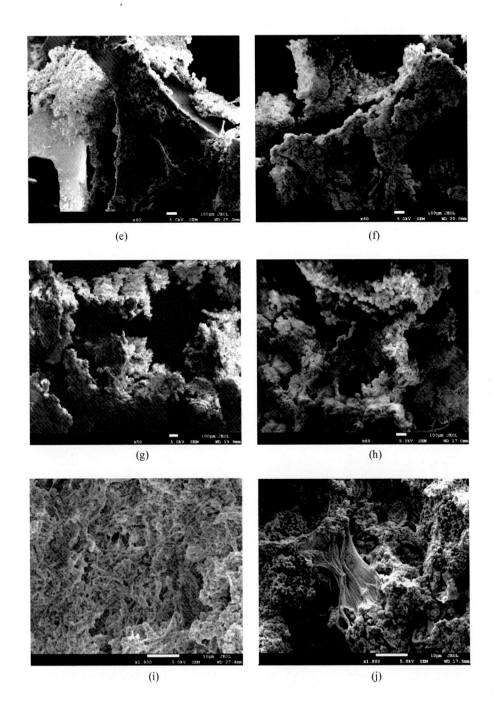

(e)

(f)

(g)

(h)

(i)

(j)

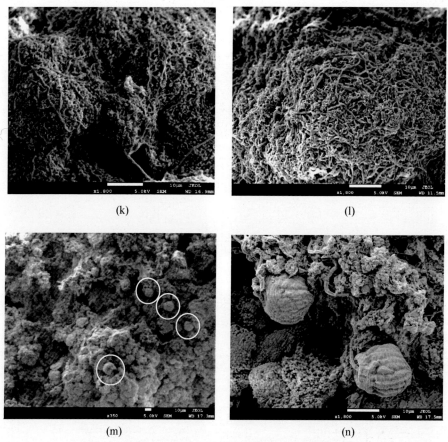

(k)　　　　　　　　　　　　　　(l)

(m)　　　　　　　　　　　　　　(n)

彩图 5　不同阶段下填料表面生物膜形态实物照片及 SEM

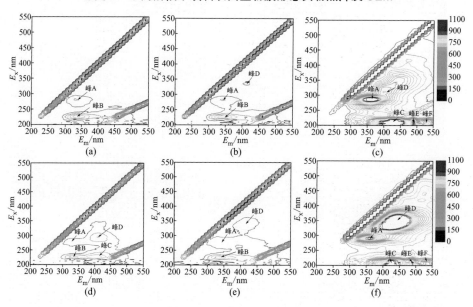

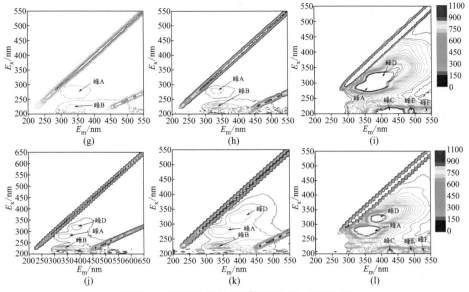

彩图 6　不同阶段生物膜 EPS 3D-EEM 图

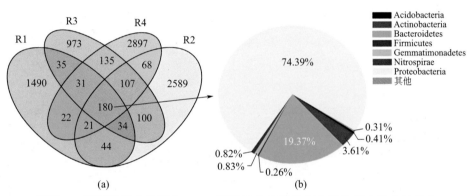

彩图 7　不同阶段生物群落 Venn 图及四个阶段共有在门分类水平上的分布

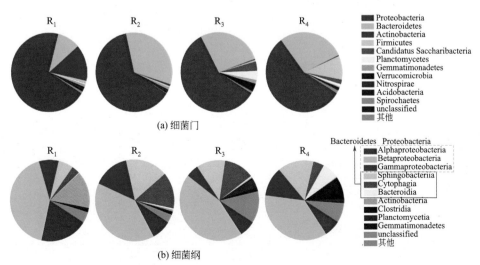

彩图 8　不同阶段微生物群落在主要门及纲水平上的百分比

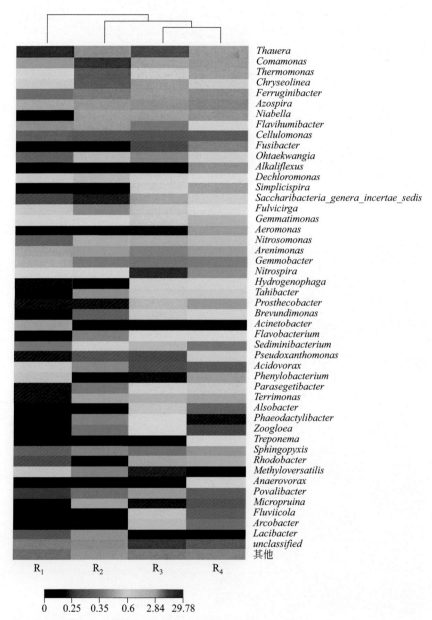

Thauera
Comamonas
Thermomonas
Chryseolinea
Ferruginibacter
Azospira
Niabella
Flavihumibacter
Cellulomonas
Fusibacter
Ohtaekwangia
Alkaliflexus
Dechloromonas
Simplicispira
Saccharibacteria_genera_incertae_sedis
Fulvicirga
Gemmatimonas
Aeromonas
Nitrosomonas
Arenimonas
Gemmobacter
Nitrospira
Hydrogenophaga
Tahibacter
Prosthecobacter
Brevundimonas
Acinetobacter
Flavobacterium
Sediminibacterium
Pseudoxanthomonas
Acidovorax
Phenylobacterium
Parasegetibacter
Terrimonas
Alsobacter
Phaeodactylibacter
Zoogloea
Treponema
Sphingopyxis
Rhodobacter
Methyloversatilis
Anaerovorax
Povalibacter
Micropruina
Fluviicola
Arcobacter
Lacibacter
unclassified
其他

R₁   R₂   R₃   R₄

0   0.25 0.35 0.6 2.84 29.78

彩图 9   各阶段生物群落结构在属水平分布

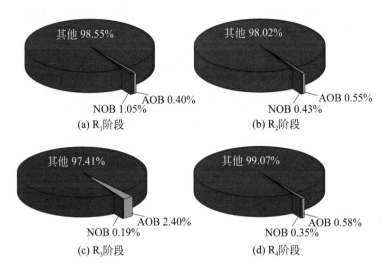

彩图 10 不同阶段氨氧化菌（AOB）及亚硝酸盐氧化菌（NOB）在细菌中的占比

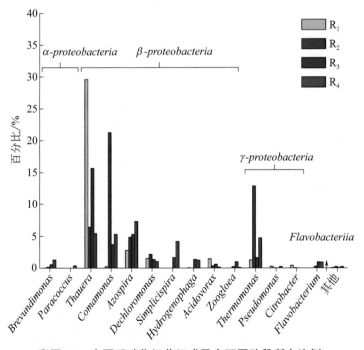

彩图 11 主要反硝化细菌组成及在不同阶段所占比例

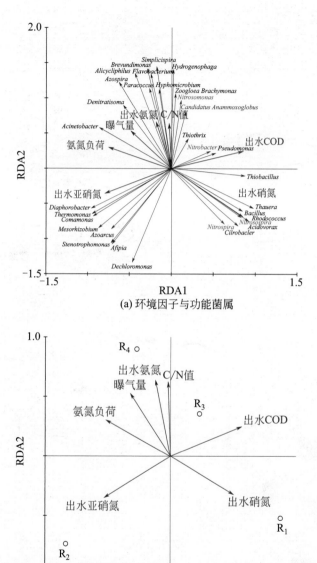

(a) 环境因子与功能菌属

(b) 环境因子与不同阶段

彩图 12 微生物群落与环境因子 RDA 分析